地理信息科学系列
GCESS

# 开放式地理建模与模拟理论

Open Geographic Modeling and Simulation Theory

陈旻　闾国年　温永宁　等著

中国教育出版传媒集团
高等教育出版社·北京

**内容简介**

地理建模与模拟是人类对赖以生存的地球表层系统及环境进行抽象与表达的过程，是地理学长久以来的主要研究方法。当前，开放科学的兴起以及新信息技术的发展，推动了地理建模与模拟的变革。本书聚焦新时代地理建模与模拟理论发展，深入分析了开放科学趋势下地理分析模型构建方法及应用模式的前沿方向，重点讨论了开放式网络环境下地理分析模型描述方法、共享方法、建模方法、运行计算方法以及模拟分析方法等关键内容，为新一代网络空间开放式地理建模与模拟提供理论方法，为地理模拟器的实现提供支撑。

本书可供地球系统科学、地理学、生态学、环境科学、计算机科学等交叉学科领域高校师生及科研人员使用。本书既可以作为研究生的专业课教材，也可以作为相关学科科研人员的参考书。

**图书在版编目（CIP）数据**

开放式地理建模与模拟理论 / 陈旻等著 . −− 北京：
高等教育出版社，2024.1
ISBN 978−7−04−061419−0

Ⅰ.①开⋯ Ⅱ.①陈⋯ Ⅲ.①地理信息系统−系统建模 Ⅳ.① P208.2

中国国家版本馆 CIP 数据核字（2023）第 235617 号

| | | | | | | | |
|---|---|---|---|---|---|---|---|
| 策划编辑 | 关 焱 | 责任编辑 | 关 焱 | 封面设计 | 王 洋 | 版式设计 | 李彩丽 |
| 责任绘图 | 黄云燕 | 责任校对 | 胡美萍 | 责任印制 | 高 峰 | | |

| | | | |
|---|---|---|---|
| 出版发行 | 高等教育出版社 | 网　　址 | http://www.hep.edu.cn |
| 社　　址 | 北京市西城区德外大街4号 | | http://www.hep.com.cn |
| 邮政编码 | 100120 | 网上订购 | http://www.hepmall.com.cn |
| 印　　刷 | 固安县铭成印刷有限公司 | | http://www.hepmall.com |
| 开　　本 | 787mm×1092mm　1/16 | | http://www.hepmall.cn |
| 印　　张 | 14.75 | | |
| 字　　数 | 270 千字 | 版　　次 | 2024 年 1 月第 1 版 |
| 购书热线 | 010−58581118 | 印　　次 | 2024 年 1 月第 1 次印刷 |
| 咨询电话 | 400−810−0598 | 定　　价 | 86.00 元 |

本书如有缺页、倒页、脱页等质量问题，请到所购图书销售部门联系调换
版权所有　侵权必究
物 料 号　61419−00

KAIFANGSHI DILI JIANMO YU MONI LILUN

# 序

认知与改造世界是科学研究的主要动力。随着地理环境认知需求的增加,地理系统及要素的作用关系与演化机制成为探知世界的主要研究对象;对未来天气变化的预测、城市发展状况的评估、居住地生活环境的模拟、公共卫生事件的分析,都离不开对各系统要素的抽象与表达,以及对地理规律和趋势的洞察、分析和预测。尤其面向步入21世纪以来的诸多科学议题,包括可持续发展战略实施、全球变化研究、人地关系理解、"双碳"目标实现等,地理学研究逐渐进入了深水区。当前众多研究经验表明,作为实现客观地理世界认知与表达、地理特征分析与评估、地理趋势推演与预测的有效方法,地理建模与模拟已经成为地理信息科学乃至整个地理科学发展中不可或缺的重要手段。

地理建模与模拟的发展可以追溯到地理学"计量革命",并受益于计算机技术的变革与突破,其初生、发展、壮大、繁荣,一直紧随地理学的前进步伐,同时相关技术的进步也与计算机技术的发展密切关联。一方面,地理建模与模拟的理论方法始终围绕地理学相关理论基础不断革新。面对早期以"区域性"为主要特征的地理学研究需求,传统地理建模与模拟主要面向单一领域、单一过程,所构建的模型常用于模拟特定领域的特定地理过程,例如新安江模型、WRF模型等都是这类模型的典型代表。近年来,面对日益综合、复杂的地理问题,多要素综合、多过程耦合逐渐成为地理研究的主要阵地,不同系统、要素、过程的相互作用成为地理建模与模拟的研究重点,由此诞生了一系列兼顾不同地理过程的综合模型,同时也形成了诸多可以支撑多过程耦合的集成建模框架。另一方面,计算机技术的发展推动了地理建模与模拟技术的完善巩固与迭代创新。如今,地理建模与模拟的构建方式和应用模式已经经历了由单机式到集中式再到分布式的发展历程,出现了单机式的本地化分析模型、集中式的在线模拟系统以及分布式的集成建模环境等。这些技术性的创新突破促生了更多可用的建模与模拟资源,进而推动了地理建模与模拟的进一步研究与应用。

近年来,开放科学运动正如火如荼地开展,知识开放、资源开放、过程开放已然成为复杂地理问题求解的新途径,开放式地理建模与模拟由此应运而生。开放式地理建模与模拟是一种能够支持多方人员广泛参与、建模知识开放交流、模拟资源高效共享、建模过程公开透明、模拟应用协作探索的新方法和新技术。基于开放式建模与模拟理念,面向多领域、多过程的地理问题,地理学家可以快速共享研究资源与成果,同时通过耦合集成各种网络空间分布的研究资源,完成"综合"地理分析模型构建和模拟应用,从而减轻新模型的开发压力,提升地理学综合研究效能。

经过多年耕耘,南京师范大学虚拟地理环境教育部重点实验室间国年教授、陈旻教授团队立足资源共享、领域协作、综合求解,设计了"服务化共享—协作式建模—分布式模拟"的理论框架及研究方案,并于近期开展了基于智能化建模思想的创新性探索研究,从而形成了开放式地理建模与模拟的理论方法基础,指引了面向新时代地理学发展的地理建模与模拟研究方向。在此基础上,团队构建了具有自主品牌特色和国际影响力的开放式地理建模与模拟平台 OpenGMS(Open Geographic Modeling and Simulation),为不同建模者和模型使用者提供了开放交流、协作探索的地理研究与应用社区,已经成为地理分析 GIS 发展以及网络空间地理模拟器构建的重要研究基础与支撑。

该书是作者团队近 20 年来研究成果的积累。他们在一系列重大项目的支撑下,开展了地理建模与模拟的系统性研究,逐步实现了理论研究成果与实际应用的结合,构建了系列软件系统与工具集。通过举办一系列国际会议,以及与国内外专家开展合作研究,OpenGMS 如今已经站在了国际舞台中央,引导国际学界发表了系列方向指引性文章,主导制定了国内外多项建模与模拟相关标准,获得了国际、国内多项高级别奖项和荣誉。一步步走来,多年的潜心研究成果凝聚成为《开放式地理建模与模拟理论》和《开放式地理建模与模拟系统》两本著作,分别从理论方法与技术实现的不同角度,完成了对团队研究成果的梳理与总结。相信无论是地理学领域还是地球科学相关领域的研究人员,无论是地理模型构建者或使用者,抑或是建模系统的设计者和开发者,都可以从中得到启发。

中国科学院院士

2023 年 11 月 15 日

# 前　　言

　　深化地理系统认知,预估地理环境走势,探索人地要素关系及演化过程是地理学研究的核心任务,也是降低人类生存发展不确定性的必要途径。然而,由于地理系统的综合性、复杂性,导致地理建模与模拟往往超出了单领域、单团队的能力范畴,如何以纵深研究之积淀促联动综合之实现,借助信息技术的快速发展,探索大科学背景下的地理建模与模拟方法体系,构建新一代地理建模与模拟系统,成为当前地理学研究领域的焦点与前沿问题。面向这一前沿问题,我们从追随国际学界的步伐,到引领该方向的国际发展,经历了近20年的时间。

　　2000年左右,我们开始从事虚拟地理环境理论与技术研究。随着研究的深入,我们发现不管是对历史环境的复原、现实环境的增强,还是对未来环境的预测,都离不开对于"可视"环境背后地理机理的探索,没有机理的地理环境是没有生命力的。由表及里,我们开始关注地理环境的概念抽象、机理建模与规律分析。地理分析模型是地理现象与地理规律的抽象与表达,地理建模与模拟可以用于反演过去、预测未来、模拟过程、揭示规律,因此成为我们研究攻关的重点。

　　然而,作为地理信息科学研究人员,如果直接去开展水、土、气、生等部门领域的建模与模拟工作,将难以发挥我们的长处。如何借助自身学科特色,推动学科及领域发展,成为摆在我们面前的现实问题。我们发现,虽然当前各个领域已经各自研发了很多模型,但这些模型难以得到快速共享与复用,"各自为政""重复造车"的模型重复开发消耗了大量人力、物力,阻碍了科学研究的效能。此外,传统的地理建模与模拟工作通常封闭于特定的机构与团体,阻碍了广大研究人员的广泛参与,而集中式建模与模拟系统也难以支撑多领域专家的协作式商讨与问题解决。当前,开放式科学已经成为一种趋势,而大科学时代复杂问题的求解更亟需共享与合作。因此,需要构建一个"大舞台",让已有的模型资源得到充分利用,而尚未开发的模型,也可以通过群智群力的手段,得到快速研发。在这方面,我们认为地理信息技术将能够很好地承担起历史使命,开放式地理建模及模拟的概念由此诞生。

开放式建模与模拟立足资源共享、综合建模、协作求解,研究网络空间的建模与模拟新模式,旨在形成覆盖全球的资源共享与模拟分析协作社区,推动新一代地理分析 GIS 发展,支撑地理系统模拟器的构建。然而,地理建模与模拟是一项成果产出慢的工作,国内外有很多团队在中途放弃了;开放式地理建模与模拟理论研究及系统开发需要与各领域建模专家积极对话,在思想上互相理解,更是难上加难。但我们坚信,通过开放式地理建模与模拟理论研究及系统构建,可以为人文地理学、自然地理学、信息地理学的研究提供一个统一支撑平台,借助模型共享、资源整合、协作模拟等手段增强区域研究效能,提升综合分析能力,支撑复杂系统理解,从而促进新时代地理学的发展与突破。

一路走来,极其不易,所幸"十年磨一剑",终见花开。2017 年,我们正式将平台命名为"开放式地理建模与模拟系统"(OpenGMS);2020 年,我们已经逐步开始引领国际研究潮流,拥有了地理建模与模拟领域的中国研究团队国际话语权,模型标准、服务化共享、协作式建模、智能化建模、模拟可复现、模型影响力等研究方面都有我们发起和推动的身影,我们也领衔国际知名权威专家在国际顶尖期刊上发表系列方向指引性文章,成果得到了国内外诸多研究机构和部门的重视与应用。同时,我们也发起了"发展国产化地理分析模型,构建自主模型系统生态圈"的倡议,至今为止举办了三届国产模型培训班(2021—2023),支撑了来自 10 多个国家 700 多所高校及机构近 5000 名师生在线免费学习中国自主开发的模型。

既然有所得,我们希望将这些年的知识总结和经验积累与大家分享,因此也就有了这两本书。《开放式地理建模与模拟理论》,主要围绕模拟资源描述与共享、模型构建与计算以及网络模拟与分析等方面内容,介绍开放式地理建模与模拟的核心理论与方法;《开放式地理建模与模拟系统》,主要分析开放式地理建模与模拟系统的构建框架,介绍开放式地理建模与模拟系统数据治理、模型共享、集成建模、运行计算、模型分析等核心功能的实现策略。这两本书面向地理分析模型描述、构建、应用的不同方面,详细介绍了开放式地理建模与模拟的理论与方法,可供地球系统科学、地理学、生态学、环境学、计算机科学等交叉学科领域研究生及相关科研人员参考,帮助其了解地理建模与模拟及相关系统构建的基础理论。希望有更多的研究者能够了解建模与模拟领域,协力打造具备开放性与持续活力的模型系统生态圈。

《开放式地理建模与模拟理论》在结构上:首先,第1章讨论了开放科学影响下的地理科学发展趋势,介绍了地理分析模型、模型构建方法以及模型应用的基本概念、研究现状与发展趋势;随后,第2~6章分别围绕地理分析模型的内涵描述、特征规律抽象、服务化共享、规范化流程建模、网络化运行、模拟与分析等内容,详细阐述开放式地理建模与模拟的基础理论与方法体系。其中,第2章面向模型分类体系、元数据标准、模型数据描述、模型运行行为及模型计算环境等不同内容,详细介绍了地理分析模型的描述方法体系;第3章总结了地理分析模型共享的相关理论及发展方向,阐述了基于不同方式的模型共享方法、跨标准的模型互操作方法以及模型数据的共享方法;第4章通过回顾传统地理分析模型构建策略,探讨了开放式地理建模的基本流程,介绍了以"概念建模-逻辑建模-计算建模"为核心的开放式地理分析模型构建方法;第5章针对开放网络环境下的地理分析模型运行需求,讨论了集模拟资源适配、调度、耦合与分布式运行于一体的地理分析模型网络化运行方法;第6章为了支撑开放式的地理模拟分析,从协同模拟模式、模拟过程支撑以及模拟结果可视化等方面介绍了开放式的地理模拟分析方法。

本书由陈旻、闾国年、温永宁统筹撰稿,第1章由陈旻、闾国年、温永宁主要撰写,第2章由许凯、张丰源、乐松山、王明、温永宁主要撰写,第3章由朱之一、张丰源、陈旻、谭羽丰、兰振旭主要撰写,第4章由王进、闾国年、陈旻、王明主要撰写,第5章由张丰源、温永宁、乐松山、王明主要撰写,第6章由马载阳、王进、束禹承、马培龙、张硕主要撰写。

本书的研究工作得到国家杰出青年科学基金项目(编号:

42325107)、国家自然科学基金重点项目(编号:41930648)、国家自然科学基金面上项目(编号:42071361、42071363、42171406)的联合资助。

本书在撰写过程中得到周成虎院士、夏军院士、戴永久院士、林珲院士等专家的指导,在此一并表示感谢。

作者

2023 年 9 月

于仙林行远楼

# 目　　录

# 第1章

# 绪　　论

## 1.1　地理科学与开放科学

### 1.1.1　地理科学

1）从地理学到地理科学

地理学是以地球表层空间地理要素或地理综合体为研究对象,主要分析挖掘研究对象的空间分布规律、相互作用和演化特征的一门学科。地理学与人类社会密切相关,并且伴随着人类社会的发展以及对生存环境认知需求的提升而演变。因此,地理学的发展可以追溯到人类文明诞生之初,根据其研究对象及研究手段等特征的不同,可以分为古代地理学、近代地理学和现代地理学。

（1）古代地理学

古代地理学以服务农业、牧业生产生活为主要目标。由于古代人类的活动范围有限,生存环境受自然地带性与非地带性规律主导,古代地理学的研究对象是局部且零散的地理空间(马蔼乃,1996)。同时,受认知水平和技术手段的限制,此时的地理学研究主要是对地理现象与规律进行观察和描述。尽管如此,地理学家不断尝试通过有限的方法对地理世界进行认知,所取得的成果为后世地理学发展奠定了坚实的基础,产生了重要的推动作用。例如,古希腊杰出地理学家埃拉托色尼对地球周长的估算、基于经纬线网的世界地图绘制,阿拉伯地理学者对古希腊、古罗马研究成果以及诸多旅行家观测记录的继承与整理,欧洲的地理大发现及地图学的革新,以及中国地理学家完成了《水经注》《梦溪笔谈》《徐霞客游记》等一系列地理学著作。

（2）近代地理学

社会生产工业化及资本主义发展推动了地理学的科学化与世俗化,地理学的研究思想、研究对象以及研究方法也产生了变革,地理学转变为以描述和解释地球表层各种现象及其关系为主要目标的近代地理学。近代地理学最早发源于德国,以洪堡、李特尔等为代表的杰出地理学家为近代地理学的发展奠定了坚实的基础,形成了自然与人文并重的地理学研究格局。同时期,受学院派地理研究传承以及早期地理研究成果影响,不同地理学术思想与观点诞生,从而形成了区域地理学派、环境决定论派和景观学派等诸多不同地理学学派。随后,德国地理学逐渐传播扩散到法、英、美、苏等其他国家,并在不同地理区域得到进一步发展,由此取得许多重大成果,如大气环流模式、土壤地带性学说、自然地带学说、冰川进退与全球变化关系等(顾朝林,2022a)。相比之下,中国的近代地理学起步虽晚,但也取得了相当多的研究成果,如具有极为重要地理学意义的"胡焕庸线"(顾朝林,2022b)。

（3）现代地理学

对现代地理学与近代地理学的划分一直有不同的观点(郑度,2001;郑度和杨业勤,2015;顾朝林,2022c),本书采纳了以第二次世界大战为分隔的观点,认为现代地理学是从20世纪50年代开始至今的地理学研究阶段。第三次工业革命带来信息技术、观测技术等的飞速发展,为地理学研究带来了深远影响,也使得地理学迎来了新的发展机遇。因此,不同于古代地理学到近代地理学的研究对象转变,现代地理学的发展更聚焦于方法论的转变。其间,"计量革命"为地理学注入了新的活力,通过融入数学方法推动传统地理学的描述性定性分析逐渐转变为具有精确理论、可以科学解释的定性定量结合分析(王铮,2011;顾朝林,2022c)。同时,航天、遥感、传感器、通信等技术的进步为地理学研究带来了丰富的空间数据来源,充分综合利用这些空间数据一定程度上推动了地理学研究,促进了地理信息科学的发展。同时,科技发展所带来的环境污染以及人地矛盾等问题,也为现代地理学研究指出了新的方向。为了妥善应对这些综合、复杂的问题,地理学家开展了基于实践的城市、区域、环境综合研究,从而推动了地理决策以及相关理论、模式的发展。我国的现代地理学伴随着新中国的发展而前进;在竺可桢、黄秉维、吴传钧、陈述彭、李旭旦等一批杰出地理学家的带动下,中国地理学迈入新的发展阶段,并取得了一系列重要的研究成果(郑度和杨业勤,2015)。

（4）地理科学的提出

地理学发展至今,已经从传统的描述性地理学发展为科学化的地理学,并且具备了庞大的学科分支与丰富的学科内涵。钱学森院士认为应当使用"地理科学"表示这一以地球表层系统为研究对象的综合性科学,并作为与自然科学、社会科学并列的桥梁科学(钱学森等,1994;马蔼乃,2002)。地理科学在研究手段上既继承了传统地理学的优势,也采纳了现代科学方法与技术,如人工智能、对地观测、建模与模拟等(傅伯杰等,2015;廖小罕,2020)。美国国家科学院研究理事会(2011)在《理解正在变化的星球》中指出:"地理科学是数据、技术和思维方法嫁接到地理学基石上一个成功繁殖的结果。"

随着学科研究的深入以及新技术、新方法的引入,地理科学所包含的学科体系早已超越了自然地理、人文地理两大分支学科及其衍生的部门学科范畴。钱学森院士认为,地理科学首先要建立基础理论学科(如理论地理学、部门地理学),然后要完善应用理论学科(如应用地貌学、应用气候学、生态经济学),此外还需要发展应用技术学科(如灾害预报、环境保护、区域规划、地理制图、地理模拟分析)(钱学森,1987)。经过几十年的发展,学科体系几经优化,如今的地理科学已经形成了以综合地理学、自然地理学、人文地理学、信息地理学四大分支学科为核心的学科体系,分别涉及理论地理学和应用地理学、部门自然地理学和综合自然地理学、城市地理学和综合人文地理学、地理信息科学和地理遥感科学等不同学科(马蔼乃,2010;陈发虎等,2021)。

2）地理科学研究的方法工具

在地理科学发展历程中,随着相关科学技术的革新,地理科学研究的方法与工具日益丰富。当前,可以支撑地理科学研究的方法工具主要分为三种:观测实验、过程模拟和综合评估。

（1）观测实验

观测与实验是认识地理系统、了解地理系统现状及变化趋势的必要手段。从空间和时间的角度,地理科学的观测实验方法可以分为自上而下式(top-down)和自下而上式(bottom-up)、回顾式(looking back)和前瞻式(looking ahead),能够分别实现对地理系统大尺度长时序数据、本地精确观测数据、历史演化记录、未来发展规律的获取,从而增进人们对地理系统全方位认知与理解。

（2）过程模拟

分析模型是进行地理科学研究的重要工具,通过对地理系统格局和变化过程进行抽象与建模,阐明地理系统内的关键特征、过程与反馈。例如,大气环流模型可以实现对地球表层其他要素与大气之间物质、能量交换的抽象和模拟;陆面过程模型能够解析多种地气界面通量,实现对地表物质和能量循环过程的理解,从而有助于提高人类应对气候变化的能力(周新尧,2013)。

(3)综合评估

除了观测和模拟,综合评估也已成为地理科学研究的基本工具。其中,通过综合研究可以在基础层面上构建形成新的知识,产生对地理科学研究至关重要的新见解和新概念;而评估框架可以在科学团体和政策部门之间扮演中间人的角色,依据政策部门的反馈,助推新的研究方向。典型综合评估研究如全球碳项目(Global Carbon Project)的年度碳预算综合研究,以及千年生态系统评估(Millennium Ecosystem Assessment)研究等。

其中,对于地理系统及内在过程的描述是地理科学研究开展的前提和基础,而模型是对复杂地理系统进行描述与表达的重要方法。过程模拟作为地理系统研究中各类观测实验数据的主要应用出口,以及综合评估研究的重要基础,在地理科学研究中的重要性不言而喻。当前,围绕地理系统过程模拟以及相关模型构建的研究目标,已经形成了庞大的科学研究社区。众多科学家正面向各种领域问题以及跨领域的综合问题,开展地理建模与模拟研究,并且正力图以一种更为开放、透明、协作、全面的研究范式实现高效的地理系统建模与过程模拟。

## 1.1.2  开放科学

### 1) 开放科学的需求与契机

人类所面临的众多问题,包括气候变化、自然灾害、全球疫情、生态系统失衡等,都是复杂交织且相互关联的。面对这些问题所带来的综合性挑战,人们愈加发现仅依靠单一团队或部门通常显得无能为力,促进跨学科知识的深度融合并提升科学信息的广泛获取能力日益成为新时代解决复杂问题的必由之路。在这样的背景下,如何及时、免费地获取优质数据、信息和知识,如何打破科学组织的壁垒、变革传统科学方式,如何创造一个充满活力、公开公正、自由论证的科学生态,成为当今科学研究模式发展及突破的重要方向。

数字化社会的飞速发展为科学界发展和转型提供了重要机遇,互联网技术的发展使得身处世界各地的科学研究者可以进行跨时间、跨空间的技能融合和知识创造,构建各种可以支撑海量数据、信息自由取用的基础设施和平台也逐渐成为可能。科学家有机会在网络环境中分享最新的研究数据、方法、代码、实验记录等科学研究材料,提升科学研究效能及成果可信度,推动科学研究的复制、重现和复用,从而助力科学知识的深度开发与融合。

开放科学(open science)正是为了推动各社会阶层、各领域专业人士都能够接触科学研究、获得研究资料,提升科学开放合作水平的科学实践。据联合国教科文组织(UNESCO)在《开放科学建议书》中的介绍:"开放科学旨在使科学研究可以为每个人所开放、获取和重用,推动科学合作和信息共享,并向传统科学界以外人士开放科学知识创造、评估和交流的过程,它涉及所有学科领域和学术实践的各个方面(如基础科学和应用科学、自然科学和社会科学以及人文科学等)"。

开放科学贯穿包括科学假设提出、研究方法制定、科学数据收集、数据分析、同行评审、出版传播以及转化利用等在内的科学研究全生命周期。开放科学是一系列运动和实践的总称,如开放获取、开放数据、开放实验室、开放笔记、开放基础设施、开放硬件、开放源码、开放教育资源、开放评价、公众科学以及科技众筹等,具有非常丰富的内涵。

简言之,开放科学致力于打破传统封闭式的科学研究范式。它描绘了研究人员相互合作、知识信息开放共享、科学组织紧密交流的新时代科研发展方向。通过吸纳更多利益相关者,编织科学协作网络,开放研究流程,推动科学研究过程更加透明、更加包容、更加民主。

2) 开放科学的起源与发展

开放科学源起于 17 世纪。科学研究成果的出版发行以及对知识获取需求的日益增加,推动着科学家们组成群体(例如科学协会)以分享研究成果和资源,开展交流,推进共同研究,从而形成了早期形式的开放科学。

但是,当时也存在着一些争议点影响着开放科学的进一步发展:部分科学家希望可以自由分享彼此的科研资源和成果,而另一些科学家希望在分享科研成果的同时得到合理报酬。随着时间的推移,科学期刊出版商积累了越来越多的研究资源,并成为科学知识的主要拥有者。学术出版商之间流行的出版物付费订阅模式使得这种争议点被不断放大,导致大量研究成果被锁在期刊付费壁垒之后,严重阻碍了科学知识的传播。除此之外,对数据使用的限制、数据的不规范、科学软件的专用性、对科学数据的独占心理等,也都导致开放科学发展陷入瓶颈期。

为了逆转这一趋势,开放运动的倡导者发起了全球开放获取运动,通过利用互联网的强大能力,在网络环境中推动学术文献的免费共享。例如,在拉丁美洲建立了 BIREME(1967 年)、Latindex(1997 年)、SciELO(1998 年)和 Redalyc(2005 年)等区域图书馆和文献库;国际科学理事会于 1992 年建立了国际科学出版物获取网络(International Network for the Availability of Scientific Publications,INASP)(Smart,2004);联合国教科文组织创办了全球开放获取门户

(Global Open Access Portal, GOAP)及相关学术资源库。

随着对数据、软件、基础设施等其他科研资源开放获取需求的增加,开放获取运动逐渐演变发展成面向整个科学研究周期的开放科学运动。在此阶段,开放运动的倡导者(包括科学家、研究协会、出版社、图书馆、资助机构等)联合发起了一系列更为系统的开放科学倡议,例如,2016 年在荷兰发起的开放科学行动阿姆斯特丹倡议(Amsterdam Call for Action on Open Science)、2018 年在法国发起的开放科学和文献多样性朱西厄倡议(Jussieu Call for Open Science and Bibliodiversity)等。

此外,开放科学的相关行动原则也被相继提出,用于提升开放科学实践的规范性。例如,经济合作与发展组织提出的"OECD Principles and Guidelines for Access to Research Data from Public Funding",可用于规范公共资助科学数据的获取;欧盟委员会通过了"可发现(Findable)、可访问(Accessible)、可互操作(Interoperable)、可重用(Reusable)"的"FAIR 原则",用于规范数据的发布、管理与使用。

如今,开放科学运动已经遍及全球。世界各地已经建立起多个开放科学平台,例如,拉丁美洲开放基础设施(RedCLAra and LA Referencia in Latin America)、欧洲开放科学云(EOSC)和非洲开放科学平台(AOSP)。与此同时,包括中国、澳大利亚、加拿大等在内的越来越多的国家也开始了开放科学平台的建设。在此基础上,联合国教科文组织拟定的《开放科学建议书》为开放科学制定了国际标准,国际科学理事会数据委员会(CODATA)号召的"全球开放科学云"计划,正试图整合世界各国的力量,推动全球开放科学的发展。

### 1.1.3　开放科学时代的地理科学发展

地理科学内在的跨学科交叉与多领域知识融合特质,充分契合开放科学研究发展理念;开放科学的开放知识、开放资源、开放合作研究范式可以为地理科学研究的开展提供支撑。

1) 开放知识

为了促进地理科学研究中不同领域部门知识的交叉融合,需要提高地理科学知识的开放水平,完善知识的描述,丰富知识传播的载体与途径。地理科学研究资源,尤其是模型与数据资源,多为知识融合创造所产生的结果,其本身蕴含了大量的知识。例如,地理系统数据通常内含时空尺度、属性特征、单位量纲等知识;地理系统模拟也反映了其所在领域的信息,体现了对地理系统过程的规律性抽象。因此,地理科学知识的开放,需要对模型数据背后的知识信息进行详细描述,以提升不同领域学者对知识的认知与理解,同时需要实现结构化文档、概念图、逻辑图、知识图谱等不同形式知识载体的标准化,以提高受众的可接受度,从而开拓地理科学知识的开放途径,推动知识的传播。

2) 开放资源

共享资源是开放科学的核心,它可以避免科学工作的重复开展,从而使得研究能够更快捷、更高效地推进。在全球新冠肺炎大流行期间,为了提高人类应对疫情的能力与效率,爱思唯尔、施普林格-自然等知名出版商开放共享了数以千计的研究论文,从而帮助学者快速了解最新研究成果;包括 OMF(Open Modeling Foundation)、OpenGMS(Open Geographic Modeling and Simulation)等众多科学研究组织与研究团队也纷纷联合号召,推动模型、数据的广泛共享,从而帮助学者快速开展自己的工作而免于重复劳动(Barton et al.,2020;Li et al.,2021;Barton et al.,2022)。

在地理科学领域,多年以来不同学科部门的纵深研究,已经积累了大量的模型和数据资源,如大气模型、水文模型、土壤模型和生态模型以及各类模型所需的领域数据,但是由于领域背景的差异、模型数据本身的异构性,导致研究资源难以有效共享和复用,从而形成了众多科学研究"孤岛",同时也阻碍了地理科学的进一步发展。为了提升地理科学资源的开放共享水平,需要屏蔽模型、数据等研究资源的异构性,设计可用于资源共享、发现与使用的方法体系,从而提高专有资源的共享能力,降低适用资源的发现难度,提升资源使用的便捷程度。

3) 开放合作

开放合作(或称开放协作)是受"开放源码"运动启发所衍生的与传统组织内及组织间合作模式不同的协同合作方式,其实现主要依赖于具有相同目标导向的参与者,借助一套共同工具与方法开展合作式科学研究,共享研究成果。通过开放合作的研究方式,可以推动不同领域知识与技能的融合应用,有助于相关争议和问题的解决,也能够提高研究过程的透明度和可信任度。

地理科学是一门多学科深度交叉融合的科学,地理科学研究的开展需要不同领域部门、不同国家和地区的研究个体、团体、社区等多方力量的共同参与。在地理科学研究周期中,包括研究方法的探索、研究路径的构建、模型数据的使用、模型参数的调配与模拟结果的优化评估等在内的科学研究全流程,都需要开放合作研究模式的支撑。因此,需要发展可以支撑地理科学开放合作的实现模式、支撑方法、工具平台以及相关基础设施,使得不同研究者可以遵循统一的合作模式和方法,在开放的工具平台支撑下开展协作研究。

# 1.2　地理分析模型

　　由于地球表层空间中存在着纷繁多样的地理要素,这些要素之间存在着各种涉及物理、化学、生物以及社会过程的复杂关系,同时这些要素关系及其演化过程又呈现出不同的时空分布特征,地理研究因此面临着巨大挑战。经过实践,地理研究需要通过关注与地理问题密切相关的实质性内容和关键性环节,舍弃与研究对象无关的次要内容与环节,实现对现实地理世界的简化、抽象与建模,从而降低地理学空间分异规律、相互作用、演化过程研究的难度。

　　这种被用于对地理现象和过程进行简化和抽象的逻辑符号、图形、表格、数学公式及计算机软件等不同存在形式的模仿物,即地理模型。它主要包括可用于对现实世界地理要素抽象与综合描述的数据模型(如地图模型、矢量模型、栅格模型、面向对象模型、时空数据模型、计算网格模型等),以及可用于对地理空间要素相互作用与演化机制进行抽象表达的分析模型(如空间分析模型、时空统计模型、机理过程模型、智能体模型等)。相较于同样基于地理认知的数字地形模型、数字地表模型等数据模型,地理分析模型更能够实现对于地理规律的动态模拟和分析,是地理科学研究定量分析和模拟计算的重要工具。本书所指的地理模型主要是指地理分析模型。

## 1.2.1　地理分析模型的定义

　　地理分析模型是对地理世界进行模拟分析的重要工具,是在规律性地理认知的基础上,对地理系统格局、过程和机制等进行定量刻画的结果。它伴随着地理学的发展而兴起,并在地理学"计量革命"后经历了里程碑式的发展。

　　地理分析模型主要使用数学建模方法对地理现象与过程进行定量刻画与描述,例如,遵循基本的物理、化学、生物规律的机理过程模型,重点关注地理要素间数量、拓扑和相关等关系刻画的统计分析模型,以及基于规则归纳、语义提取、深度学习、模糊集、粗糙集等理论方法的地理大数据和人工智能模型等。依靠内含的数学理论与方法,地理分析模型能够定量反映出真实地理世界中各种主要因素之间的逻辑关系与数学关系。面对难以借助实验方法再现的地理要素关系,可以通过构建地理分析模型,并依赖计算机的强大计算能力,推动对地理系统要素复杂关系的定量化模拟与分析;同时,面对地理系统的漫长演化过程,也可以通过构建地理分析模型,实现动态变化规律与发展趋势的挖掘与发现(徐建华,2010)。

### 1.2.2　地理分析模型的特征

不论何种建模方法,不论以什么形式存在的地理模型,都基本具备如下特征(韦玉春等,2005):

(1) 结构性

模型的结构性主要体现在模型与模拟对象的相似性以及模型构建的多元性,即模型需要与模拟对象或过程存在物理属性或者数学特征上的相似特性或规律;对于同一研究对象,可以依据不同目的、角度或方法对其进行建模,于是所得到的模型是多层次多样化的,反映了研究对象在不同研究视角下的不同特征。

(2) 简单性

奥卡姆剃刀定律认为:"如无必要,勿增实体",以抓住事物的本质。在模型构建中,也需要尽可能地抓住研究对象的本质,明确系统或过程的主要因素和次要因素,以尽可能简洁的表现形式、尽可能简单的方程公式、尽可能少的模型维度,实现对研究对象的抽象表达。

(3) 清晰性

模型的清晰性要求所构建的模型应该足够清晰,从而能够被使用者理解和使用。同时,模型的使用方法也应该清晰明确,不同使用者可以基于对模型的理解模拟出相似的结果。

(4) 客观性

模型的客观性要求模型应该是偏见无关的。模型是对现实世界客观事物的反映,它不因建模者的政治立场、宗教信仰等主观想法而改变。任何人使用一致的建模方法对相同对象进行建模,应该能够得到相同的模型结果。

(5) 有效性

模型的有效性是对模型正确程度的反映,可以分为三个层次:①与实际问题具有一致性的输入条件和输出结果,即为复制有效性;②在满足现实状态和规律的情况下可以预测未来的事物发展规律,即为预测有效性;③在充分理解实际问题总体结构以及内部要素关系与行为状态的情况下,将实际问题转化为由不同子问题所构成的整体,即为结构有效性。

（6）可信任性

模型的可信任性是对模型真实程度的反映。通常可以使用普遍性、真实性和精确性对模型的可信任性进行评价。其中,普遍性表明了模型能否代表一类事物的现象或过程;真实性体现了模型与研究对象在内容与结构上的相似程度;精确性是指模型输出结果与真实对象观测值的吻合程度。

（7）易操作性

模型的易操作性要求模型应该易于操作、管理和使用。从使用者角度而言,如果模型的使用代价超出使用者的忍受范围,通常会认为模型是不实用或者不可用的。

地理分析模型是一种用于地理学定量模拟分析研究的特殊模型,具备上述模型的共性特征,并对这些特征赋予了特定解释。例如,为了实现模型的简单性,需要对现实地理系统进行抽象和简化,通过简洁的形式刻画地理现象和过程的客观本质;如果没有通过模型假设简化地理系统,也没有抓住系统过程的本质特征,而将所有可能的因素都考虑在模型之中,将导致地理分析模型繁杂庞大,难以求解。此外,模型的有效性与可信任性特征要求模型应该是可验证的,如果一个地理分析模型不可验证,使用该模型得到的地理分析结果将不具有科学意义。当地理分析模型构建完成之后,需要不断地对其有效性和可信任性进行检验、修改、优化、再检验,从而使得地理分析模型更加完善。

除此之外,地理分析模型还具有多时空尺度性、目的性和应用性:

（1）多时空尺度性

地理学研究对象通常具有不同的时空尺度、范围和边界,所以地理分析模型也具有不同的时空尺度特征,例如全球、洲际、国家、流域、城市等空间尺度,以及天、月、年、年代等时间尺度。地理分析模型可能适用于某个具体的时间或空间尺度,也可能只适用于某段时空尺度区间。

（2）目的性

地理分析模型的构建是具有目的性的,并且因为目的不同,建立的模型也是不同的。在地理学研究领域,不论是水文、土壤、生态等自然地理研究,还是城市、旅游、交通等人文地理研究,甚至是多领域的综合地理研究,都需要使用模型进行模拟分析。但是由于各领域的研究目的不同,所构建和使用的模型各具特性,例如,为了研究森林的气候变化响应,需要构建反映森林状态随温度、降水等气候因子变化的动态模型;生态-水文综合评估研究通常需要构建用于反映生态、水文系统相互影响、相互作用的耦合模型。

（3）应用性

地理学的应用性与目的性是相辅相成的,出于一定目的所构建的模型其目的实现通常也是应用的过程。地理学凭借其强大的定量模拟与分析能力,成为人类生产生活决策的重要工具。例如,利用气象预报模型可以判断未来的天气状况;利用城市雨洪模型可以对城市内涝进行预警;利用森林生长模型可以提升森林的经营管理水平。同时,地理分析模型也在可持续发展、"双碳"战略等国家重要发展计划、决策及战略中得到应用。

计算机软件系统是地理分析模型最常见的形式。它可以借助计算机强大的计算能力实现对真实地理世界的模拟、仿真以及地理要素之间关系的研究。以计算机软件系统形式存在的地理分析模型又可以称为地理分析模型系统。从软件系统角度而言,地理分析模型具有典型的专业性强、资源分散、异构性强等特征:

（1）专业性强

作为计算机软件形式的地理分析模型,在地理分析模型开发构建过程中,需要顾及其本身所蕴含的丰富专业知识。例如,地理分析模型系统模块之间的耦合集成需要符合不同地球表层系统圈层、不同地理要素之间的相互作用关系;同时,基于地理分析模型的模拟分析也需要顾及多时空特征,实现时空尺度上的相互适配。

（2）资源分散

地理分析模型的顺利运行需要依赖模拟资源(模型资源、数据资源、计算资源)的支持。但是由于研究个人与团体的专业领域、研究背景不同,这些模拟资源通常分散在不同专家学者、研究团队的手中。

（3）异构性强

地理分析模型系统在开发语言、运行环境、模型结构、模型数据等方面也各具差异性。例如,当前常见的地理分析模型可以由不同编程语言开发,包括C/C++、C#、Fortran、Python、R 等;地理分析模型的运行所依赖的环境也各不相同,包括 Windows、Linux、Unix、Mac OS 等。

## 1.2.3 地理分析模型的功能

地理分析模型的功能是对地理系统状态进行解释与描述,对地理系统的结构与功能进行抽象与表达,从而支撑预测与认知。总体来说,地理分析模型的功能可以概况为以下四个方面。

1）反演过去

在地理系统发展的长河中，积累了大量环境演变和人类活动的历史记录与调查资料，包括自然形成的石笋记录、地层记录、年轮记录，以及人类收集整理的各种历史日志等。了解地理系统历史发展规律，可以帮助人类更清晰地认识地理系统的发展现状，并为地理系统未来变化预测提供参考（Tierney et al.，2020）。

地理分析模型是对地理系统历史状态与过程进行反演的重要工具。通过收集、考察与地理系统历史演化发展相关的资料与记录，并对其进行整理与概括，再使用相关理论法则对其进行建模，可以实现对地理系统历史过程的再现与解释。例如，利用模型可以分析过去千年尺度温度对火山活动的影响（孙炜毅等，2021），也可以使用模型开展百年到千年尺度上的全球季风变化研究（丁兆敏等，2017）。

2）预测未来

预测未来是地理科学的重要任务之一，不论是古人的"观云识雨"，还是今天的地理灾害预报，都是人们尝试通过已有的经验或知识，实现对未来地理系统发展过程的洞悉。

通过结合历史或者当前的观测调查数据，地理分析模型可以帮助人们认识并理解地理系统演化的规律，从而实现对地理系统未来发展变化趋势的推测和判断。例如，利用水文模型可以实现对水文过程发展趋势的预测；利用土壤流失模型可以实现对土壤侵蚀状况的预测；利用植被生长模型可以实现对森林或者农作物生理过程及生长状态的预测；利用土地利用变化模型可以实现对土地类型发展变化趋势的预测。

3）模拟过程

地理研究中经常需要对一些复杂过程进行模拟分析，这些过程涉及多种不同的地理要素，并且要素之间相互作用关系纷繁杂乱，导致人们很难在较短的时间内发现这些过程的发展和变化趋势。

地理分析模型可以通过对这些过程进行抽象简化，抓住过程发展的重要驱动因子，并辅以生动形象的计算机可视化能力，实现对过程的模拟、仿真和再现。例如，使用地理分析模型可以对复杂的大气化学传输过程、污染物排放与输送过程进行模拟（王自发等，2008）；利用地理分析模型也可以对泥石流灾害演进过程进行动态模拟和可视化发现（尹灵芝，2018）。

4）揭示规律

揭示地理系统的未知规律是地理学研究的本质诉求，这种规律既包括动态的过程发展演化规律，也包括静态的时空分布规律。

地理分析模型除了可以帮助地理学研究者实现反演过去、预测未来、模拟过程,也可以帮助科学家从本质上认知并剖析地理系统,从而探测和发现地理世界的未知规律,如空间相似性、空间分异性规律等。例如,地理探测器模型可以用于发现土地利用类型、生态分区地理现象的空间分异特征(王劲峰和徐成东,2017);高精度曲面建模方法可以揭示地理系统在空间和尺度上的规律,从而实现更为精准的空间插值和尺度转换(岳天祥等,2020)。

### 1.2.4　地理分析模型的研究现状

地理学发展至今,为了解决各领域的不同地理问题,研究者开展了一系列地理分析模型构建活动,从而构建了大量地理分析模型,发展形成了较为完整的地理分析模型体系。

在大气领域,当前发展形成的典型模型包括大气环流模型、大气扩散模型、大气辐射传输模型等。大气环流模型是基于牛顿定律、热力学定律等基本物理定律所构建的,用于研究大气环流基本性质从而模拟全球和大区域气候变化过程的模型,如 HadCM3、GFDL、ECHAM4、CSIRO-Mk2 以及 CGCM2 等模型(曹颖和张光辉,2009);大气扩散模型是利用数学方法定量描绘大气污染物扩散迁移过程的模型,如 ADMS 模型和 AERMOD 模型(刘迪,2014;王海超等,2010);大气辐射传输模型主要用于模拟以太阳辐射为主的电磁辐射在大气中传播输送的过程,如 LOWTRAN、MODTRAN、FASCODE 等模型(孙毅义等,2004)。此外,大气领域还发展形成了用于天气预报的 WRF 模型(Weather Research and Forecasting Model)(Skamarock et al.,2019)和空气质量预报的 CMAQ 模型(The Community Multiscale Air Quality Modeling System)(王占山等,2013)等面向不同过程、具有不同功能的地理分析模型。

在水系统领域,科学家们构建了各种水文模型和水动力分析模型。水文模型是对地理系统中复杂水循环过程的描述,典型水文模型包括新安江模型、SWMM(Storm Water Management Model)模型、SWAT(Soil and Water Assessment Tool)模型等(徐宗学等,2009)。水动力分析模型是用于定量描述水流体与运动相互关系的模型,如 LISFLOOD-FP(Bates et al.,2013)、FVCOM(The Unstructured Grid Finite Volume Coastal Ocean Model)(Lai et al.,2010)、Delft3D(Roelvink and van Banning,1995)等可以用于河网、河口、海岸等不同区域水动力状态模拟的模型。此外,对于水系统相关的冰冻圈领域,也发展形成了包括 SICOPOLIS(Simulation Code for Polythermal Ice Sheets)、IcIES(Ice Sheet Model for Integrated Earth System Studies)、SRM(Snowmelt-Runoff Model)等面向冰盖演变、冰雪融水径流等过程的模型。

在土壤领域,常见的地理分析模型包括土壤侵蚀模型、土壤物质迁移模型等。其中,土壤侵蚀模型可以用于对土壤流失过程进行定量化的评估分析,包括CSLE(Chinese Soil Loss Equation)模型、USLE(Universal Soil Loss Equation)模型、RUSLE(Revised Universal Soil Loss Equation)模型,WEPS(Wind Erosion Prediction System)模型(蔡强国和刘纪根,2003;李占斌等,2008)等;土壤物质迁移模型可以用于对土壤营养物、污染物等组分的运动过程进行模拟,如土壤溶质运移模型(李保国等,2005)、CENTURY 土壤碳沉积模型(Parton,1996)等。

在生态领域,典型的地理分析模型即用于模拟生物在特定地理系统中生存与发展状态的生态模型,可以实现对物种空间分布状态、物种发展演化过程进行定量模拟分析。例如,WOFOST(World Food Studies)模型、BACROS 模型、APSIM(Agricultural Production Systems Simulator)模型以及国产的 CCSODS(Crop Computer Simulation,Optimization, Decision Making System)模型等作物生长模型(林忠辉等,2003);林窗模型、LANDIS 模型(Landscape Disturbance and Succession Model)、LandSim 模型(Landscape Simulator)、LINKAGES 模型等森林景观动态模型(奚为民等,2016);InVEST(Integrated Valuation of Ecosystem Services and Trade-offs)模型、ARIES(ARtificial Intelligence for Ecosystem Services)模型等生态系统服务评估模型(马钢等,2021)。

在人类活动领域,面向交通运输、疫情传播、城市扩张等人类活动相关的地理过程,科学家们也发展构建了一系列地理分析模型。例如,RLS-90(Richtlinien für den Lärmschutz an Straßen,1990)等交通噪声模型(Rajakumara and Gowda,2008)、MOVES(EPA's Motor Vehicle Emission Simulator)等汽车排放模型(Abou-Senna et al.,2013)、SEIR(Susceptible-Exposed-Infectious-Recovered)等传染病扩散模型(Lekone and Finkenstädt,2006)、FLUS(Future Land Use Simulation Model Software)等土地利用变化模型(Liu et al.,2017)。

在多部门交叉领域,为了应对涉及跨部门、多过程的综合地理问题,研究者构建了可以反映多圈层、多要素相互作用的综合集成模型。例如,IBIS(Integrated Biosphere Simulator)模型(Foley et al.,1996)、BIOME-BGC 模型(White et al.,2000)、LPJ-DGVM 模型(Lund-Potsdam-Jena Model Dynamic Global Vegetation Model)(Hickler et al.,2006)等可以对陆地植被、水、大气等不同地理要素的相互作用过程进行模拟。

除此之外,当前地理学也发展了一批可以支持不同地理问题求解的基础性建模方法,包括空间分异程度的度量方法、地理加权建模方法以及高精度曲面建模方法等。基于这些建模方法,研究者们构建了不同的地理分析模型,例如,可以解决探索性数据分析、高维数据理解、解释性分析、分类预测等问题的地理加权回归模型、地理加权判别分析模型等(卢宾宾等,2020)。

# 1.3 地理分析建模方法

## 1.3.1 地理分析建模的思维导向

地理分析模型构建与应用通常都会遵循一定的思维导向,徐建华(2010)总结归纳了当前三种典型的建模思维导向:问题导向、范式导向和方法导向。

1) 问题导向

问题导向的地理分析建模思维,通常要求建模者在遇到某个具体问题时,从问题本身着手,通过对问题进行分析与诊断,抓住问题的本质,探索问题发生的因果关系和解决突破口;在此基础上,思考是否存在能够解决这一问题的现成方法,从而决定是通过使用已有方法解决问题还是继续探索新方法来解决问题(图1.1)。

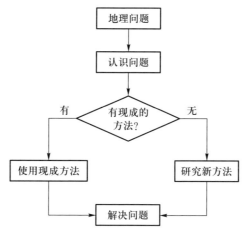

图1.1 问题导向的思维方式(徐建华,2010)

2) 范式导向

研究范式是开展科学研究时所遵循的模式与框架,是由研究对象、研究方法、研究手段、研究程序等组成的操作性规范。范式导向的地理分析建模,是指建模者在分析问题之前,脑海中已生成了一套先入为主的传统范式或经典范式。在这一范式的影响下,建模者会倾向于用这一固定范式解决不同地理问题。因此,当遇到某些无法套用范式直接解决的问题时,建模者往往会修改问题或者改进范式的方式,使得问题与范式能够相互适应,从而进行问题求解(图1.2)。

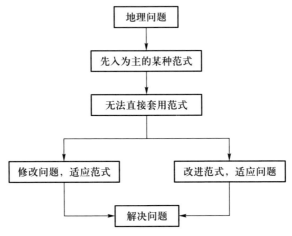

图 1.2    范式导向的思维方式(徐建华,2010)

### 3) 方法导向

方法导向则是指建模者在对地理问题开展具体分析之前,其脑海中就已经存在一些现成的方法。如果地理问题与方法恰好适用,则可以直接使用方法解决问题;如果问题与方法不适用,则需要通过简化问题或者改进方法,实现地理问题的求解(图 1.3)。

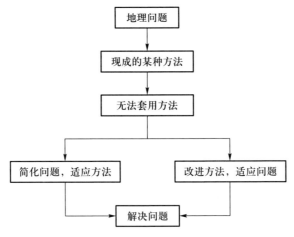

图 1.3    方法导向的思维方式(徐建华,2010)

相比较而言,问题导向的地理建模思维更符合科学思维的基本规律,但是要求地理建模者具有更高的科学素养,可以深刻地认识问题、剖析问题,能够探求并找到适合的方法甚至创造新的方法。范式导向与方法导向的地理建模思维能够降低问题求解的难度,实现地理问题的快速求解,但是采用修改或者简化问题等方式往往无法实现地理问题的有效解决,甚至可能导致失败。

### 1.3.2　地理分析建模的典型方法

地理分析模型构建是一个从具体地理系统到抽象分析模型、从定性描述到定量刻画的过程。因此,如何实现地理系统的抽象、定量表达显得尤为重要,并且需要不同地理分析建模方法的支持。

从总体上看,地理分析建模方法主要包括数据分析方法、机理分析方法、量纲分析方法、类比分析方法、仿真模拟方法等(徐建华,2010)。

- 数据分析方法是对调查、观测、实验的数据进行分析,挖掘数据中隐藏的地理规律,从而实现地理分析建模的方法。
- 机理分析方法是以地理系统的内在作用机理与演化规律为研究对象,对地理要素之间相互联系、依赖、耦合的结构关系,地理系统输入、输出的功能行为,以及地理现象、要素的产生、发展、消亡的演化过程进行抽象的建模方法。
- 量纲分析方法是根据量纲齐次性原则探索系统各物理量之间的关系,在此基础上通过量纲分析找到定量相似性准则,从而进行模型构建的方法。
- 类比分析方法是根据研究对象的相似性,通过归纳、类比、推理等手段,从已有知识与经验中得出新规律的方法。
- 仿真模拟方法则是通过计算机对地理系统中各要素相互作用进行模仿实验和定量求解,从而构建模型的方法。

根据地理分析建模所依赖的数学原理,当前典型的建模方法包括统计学方法、数学规划方法、决策分析方法、神经网络方法、灰色系统方法、系统动力学方法、模糊数学方法、数值模拟方法和集成建模方法等。

1)统计学方法

统计学是以数据为研究核心,通过对其进行搜集、整理、分析、描述,从中推断对象的本质规律,甚至预测对象发展动态的一门科学。统计学方法是地理分析建模的常用方法,例如,基于概率论与数理统计的经典统计建模方法可以构建回归分析模型、聚类分析模型、相关性分析模型、主成分分析模型等;基于地理学定律的空间统计建模方法可以构建空间自相关分析模型、空间计量分析模型等。

2）数学规划方法

数学规划是运筹学的重要内容,可以用于研究特定约束条件下最大化或最小化某一目标函数的问题。规划问题是地理学中的常见问题,因此,通过数学规划方法构建的模型是解决这类问题的有效工具,例如,不同农作物的种植规划问题、河流污染与净化的成本最优问题等。

3）决策分析方法

决策分析主要是指从若干潜在的方案中选择"最优"方案的定量分析方法,如随机性决策法、层次分析法(AHP)等。决策分析方法可以用于地理学的不同领域(包括农业、生态、灾害、水文等),例如,利用层次分析法构建模型,从而解决物流中心选址问题。

4）神经网络方法

神经网络方法是一种通过模仿生物神经网络的结构和功能,从而实现数学分析与计算建模的方法。它依赖于众多相互联结的处理单元网络,具有类似于动物大脑的自组织自学习能力、联系存储能力、大规模并行处理与高速求解能力,可以应用于地理模式识别、地理过程预测和复杂地理系统计算等领域。例如,通过构建不同的神经网络模型,可以实现土壤重金属污染物空间分布格局的评估,也可以实现不同地表要素的分类。

5）灰色系统方法

灰色系统理论认为客观世界包含大量的信息,既有已知信息,也有未知信息与不确定信息,其中已知信息为白色信息,未知信息或不确定信息为黑色信息,而既有已知信息也有未知或不确定信息的过程(或系统)为灰色过程(或系统)。地理系统由于其自身的综合性与复杂性,是典型的灰色系统。

与统计学方法从大量数据中寻找统计规律不同,灰色系统方法主要通过数据生成的方法,将杂乱无章的原始数据整理成规律性较强的生成数列再进行研究。典型的灰色系统方法包括灰色关联分析方法、灰色线性规划方法,例如,可以通过灰色系统方法进行地下水文动态过程建模,实现基于有限数据资料的地下水输入、输出分析。

6）系统动力学方法

系统动力学方法是依据"凡系统必有结构,系统结构决定系统功能"的科学思想,通过分析自然以及社会经济系统内诸多变量之间的结构、功能关系,实现对系统整体行为研究的理论。它可以根据系统内部组成要素之间互为因果反馈的特点,通过分析系统内部结构探寻问题发生的根源,因此在地理学中得到广泛应用。例如,基于系统动力学方法可以实现对水资源管理、人地关系、土地利用趋势分析等问题进行建模。

7)模糊数学方法

模糊数学是可以研究和处理模糊性现象的数学理论和方法。由于地理系统中包含许多界限模糊的现象和概念,使得过于追求精确的方法反而无法得到精确的结果,因此模糊数学方法在地理学界得到了大量应用。例如,可以通过模糊聚类的方法对地理区划和地理要素进行分析,也可以使用模糊综合评判方法对区域综合发展程度和水平进行定量评价。

8)数值模拟方法

数值模拟是利用计算机程序实现数学模型近似解求解的方法,也可以称为计算机模拟。它可以通过假设的简化条件和给定的初始条件,构建方程并求取近似解。其中,有限差分数值模拟、有限单元数值模拟、边界单元数值模拟、有限体元数值模拟是地理学中常见的几种方法,可以实现对海洋潮波运动、地下水运动、气候变化等地理过程的模拟。

9)集成建模方法

集成建模通常是指将多个相对独立的模型单元进行集中和整合,使其相互关联、相互作用,从而形成一个整体性模型的方法(宋长青等,2020)。由于地理系统通常涉及多要素、多过程的相互作用,对地理过程的模拟分析往往需要不同领域模型的共同支持,因此集成建模成为综合地理问题求解的重要方法。目前已经发展了一系列综合集成建模框架及技术。例如,OpenMI(Open Modeling Interface)(Moore and Tindall,2005)、ESMF(Earth System Modeling Framework)(Hill et al.,2004)、OMS(Object Modeling System)(Ascough et al.,2010)、BMI(Basic Model Interface)(Peckham et al.,2013)等,基于这些集成框架,已经成功构建了较多地理分析模型,并应用于水文过程模拟、未来气候预测的研究中。

### 1.3.3 地理分析建模方法的发展趋势

随着地理学研究的深入,传统地理分析建模方法日益难以应对新时代的各种综合复杂的地理问题,而开放科学运动的发展为地理问题求解提供了新思路,使得地理分析建模呈现出新的趋势。

1）从单要素、单过程到多要素、多过程

地理学发展至今,地理问题愈加复杂,已经逐渐超越了传统单圈层、单系统的研究领域范畴,其研究内容往往会涉及不同圈层与系统的多种要素,以及要素相互作用导致的诸多过程。传统地理分析建模方法对地理系统进行剖分拆解、对要素过程进行简化抽象,往往会导致复杂地理系统中要素之间、过程之间乃至圈层之间的相互联系被割裂或是被忽视。因此,面对多要素、多过程的地理问题,如人地关系问题、生态-水文-气候-土壤过程的耦合问题等,地理分析建模方法需要能够从整体性视角出发,建立关于地理要素及其关系与演化过程的整体性认知,从而实现对地理要素及各要素之间相互作用与约束条件进行抽象表达与定量建模。

2）从个体到群体、从单一群体到多群体

由于传统地理学关注问题相对单一,地理研究的开展往往以单一研究者或者单一研究团队为主体。在传统地理分析建模研究中,通常需要以个体或单个团队的努力,获取可以反映地理系统特征的相关资料,依靠对个体或团队所掌握的相关知识进行地理规律的抽象与表达,从而实现对地理系统的建模。然而,在地理问题日益综合、地理要素过程日益复杂的新时代地理分析建模研究中,需要的研究资源与知识往往超越单个研究者或研究团队所熟悉的领域。因此,促进跨领域资源共享与知识融合的群体协作研究逐渐成为综合复杂地理分析模拟构建乃至地理问题求解的重要方式。

3）从封闭到开放

传统地理分析建模研究总体上是较为封闭的,相关研究资料、研究结果甚至研究历程通常被视作不可公开的宝贵"研究财富",被封闭在特定研究机构或研究群体的"知识仓库"中。但是,研究资料的封闭往往会导致相关研究难以规模性开展,进而阻碍地理分析模型构建的整体研究进程;对研究结果的封闭通常会使得同行专家或者公众无法及时获得领域最新成果,导致大量研究工作重复开展;对研究历程的封闭常常会导致具体研究细节无法被外界所了解,降低了科学研究的可信度以及研究方法的可复用度。因此,在开放科学运动的影响下,地理分析建模以及地理问题求解研究也应逐渐从封闭走向开放。地理研究中各种模型数据与参数、建模方法与构建历程,以及最终建模结果能否被有效开放,将逐渐成为地理分析建模成效体现的关键。

4）从目标导向式到自由探索式

传统地理建模研究主要是面向某一具体目标进行的,例如,对森林几十年甚至上百年后固碳量的预测,对气候变化与土地利用响应的评估等。在具体目标的引导下,科学家需要收集整理相关研究资料,明确完成目标所需的技术方法,并沿着相对确定的路径开展研究。因此,传统地理分析建模研究局限于小部分专业人士。由于地理问题与人类生活息息相关,普通公众也希望使用模型工具解决自己感兴趣的地理问题。在开放科学运动的影响下,地理分析建模正朝着"好用""易用"的方向发展,使得不同研究者(包括普通公众)能够发挥各自的主观能动性,自由探索问题解决方法,构建简单的分析模型,实现模拟分析与问题求解。地理分析建模正朝着"科学价值"与"公众价值"并重的方向发展。

# 1.4 地理分析模型应用模式发展

从应用模式上看,现有地理分析模型主要可以通过单机式、集中式、分布式和开放式四种不同应用方式支持地理模拟与分析。

## 1.4.1 单机式应用

单机式应用是当前地理分析模型应用的主流形式,需要模型使用者在自己的设备上安装模型程序并配置模型运行环境,从而能够根据自己的研究目标与使用习惯,开展模型应用。模型数据存储管理和模型计算都在本地进行,不同使用用户之间对模型的使用互不影响。

典型的单机式地理分析模型如 SWAT 模型。SWAT 模型提供了面向Windows 系统、Linux 系统的本地化模型安装应用程序,用户可以直接使用安装程序在搭载了 Windows 或者 Linux 系统的个人设备上进行安装和使用。同时,SWAT 模型还提供了面向 ArcGIS 和 QGIS 的扩展程序,需要模型使用者在本地完成环境配置。

## 1.4.2 集中式应用

集中式系统是由一台或者多台计算机(或服务器)组成的中心节点所支撑的应用系统。中心节点存储了所有资源,集中部署了系统的所有业务单元,并集中处理了系统的所有功能业务。同时,中心节点可以连接多个终端用于输入和输出,终端不具备处理能力,并且所有终端可以得到的信息是一致的。

集中式系统最大的优点是部署及应用方式简单、结构清晰明确。例如,在进行软件配置与安装时,只需在中心节点进行安装,连接中心节点的各终端可以共同使用软件,具有良好的跨平台性能;在进行数据管理时,只需对中心节点的数据进行管理,用户可以通过终端对中心节点的数据进行使用;在进行安全防护时,只需对中心节点的计算机做好保护,由于各终端不需要连接外部网络,几乎无须担心网络安全问题;此外,由于中心节点的功能强大,终端可以是相对简单的设备,用户负担不高。

鉴于集中式系统的优势,诞生了一些可以支持集中式应用的地理分析模型,例如,基于 WebGIS 的实时流域划界模型(Choi and Engel,2003)、基于网络的土壤溶解污染物的运输和存留模型(Zeng et al.,2002)。这些地理分析模型可以支持模型使用者通过不同客户端(包括浏览器)使用模型,将模型数据以及参数信息传输给中央服务器,中央服务器进行模型运行计算后将模型结果返回给模型使用者的客户端。

然而,对于这种集中式的地理分析模型,当模型使用者很多时,往往会造成模型计算资源的抢占和阻塞,直接影响服务器响应速度以及模型计算运行的效率。同时,对于这种高度集中式的数据维护模式,其数据共享、管理、更新能力也较为脆弱,尤其在涉及大数据量模拟分析任务时,这一缺点更为明显。

### 1.4.3 分布式应用

随着计算机架构的升级,地理分析模型的分布式应用模式逐渐兴起并发展。在分布式应用模式下,应用系统及资源主要分布在不同的计算机(或服务器)上,并通过网络相互连接,共同支撑任务的完成。

分布式应用模式可以有效应对多用户并发访问的问题,提高模型资源的共享与复用能力。具体而言,在数据存储方面,大尺度地理过程模拟通常需要使用庞大的地理数据,模型数据的分布式存储可以有效分担大容量数据的存储压力;在模型计算方面,由于地理问题的综合性与复杂性,地理分析模型的运行计算往往需要强大的计算资源支持,给服务器带来了沉重的负担。通过分布式应用模式可以将模型计算任务分派到多台子服务器上,从而从整体上提高模型的计算效率和能力。

在分布式技术的支撑下,目前已经形成了一批可以支持分布式应用的地理分析模型,例如,基于 WebGIS 和 SALUS(System Approach To Land Use Sustainability)的农业作物生长模型(王建平等,2013)。尤其是随着面向服务体系架构(Service-Oriented Architecture,SOA)的发展,服务形式的模拟资源日益丰富,地理分析模型的分布式应用迅速发展,诞生了包括可以用于生态系统模拟的 Web 处理服务 eHabitat(Dubois et al.,2013)、用于水资源监测和预测的 AWARE(Granell et al.,2010)等模型。

### 1.4.4　开放式应用

面向开放科学的发展目标,地理分析模型的应用模式也正在向"开放知识""开放资源"与"开放合作"方向发展。

开放知识是应对综合性地理问题,从而实现地理知识交叉融合的重要手段。由于地理分析模型是对地理系统要素相互作用关系与演化机制的抽象,其本身即是地理知识的承载体。因此,通过对不同地理模型进行耦合与集成,可以实现对多要素、多过程地理系统的综合模拟。当前,为了支持不同部门模型的耦合集成,学者们面向不同应用需求构建了多样化的模型集成框架,包括黑河流域模型集成环境(HIME)(程国栋,2019)、分布式模型集成框架(Distributed Model Integration Framework,DMIF)(Belete et al.,2017)、面向风险分析的多媒体环境系统(Framework for Risk Analysis in Multimedia Environmental Systems,FRAMES)(Whelan et al.,2014)。在这些集成框架的支持下,不同领域的地理学家可以将各自领域的模型资源进行集成,以实现不同领域知识的交叉与融合。

地理科学的多年发展已经积累了大量地理模拟资源,尤其是各类型模型资源与数据资源。但是,这些模拟资源往往集中于不同专家手中,并且由于资源本身的异构性,通常难以共享复用。在开放科学背景下,不同专家学者也进行了地理模拟资源共享的初步探索,形成了可以支持模拟资源共享的相关方法与系统平台,例如,SWATShare(Rajib et al.,2016)、HydroShare(Gan et al.,2020)、CSDMS(The Community Surface Dynamics Modeling System)(Peckham et al.,2013)等。此外,在模拟计算方面,专家学者在分布式计算的基础上,发展了可以支持计算资源动态加入的开放式计算模式,例如,云、边、端协同的边缘计算,可以支持各类型计算资源的有效共享与复用。近年来,虚拟地理环境教育部重点实验室联合南京师范大学地理科学学院提出了"基于场景的协同地理建模—面向服务的分布式资源共享—基于流程的资源集成与模拟"的开放框架及其实现方案,开发了开放式地理建模与模拟平台(Open Geographic Modeling and Simulation,OpenGMS),构建了开放、合作、共赢的国际化地理模拟资源(数据、模型、计算资源)整合与复用社区,旨在为地理研究者提供透明、高效、协作式的综合地理问题求解平台,从而推动地理分析 GIS 的发展,实现网络空间地理模拟器的构建。

此外,开放合作是地理分析模型应用的另一重要方向。通过这一应用模式,不同专家学者可以共同参与包括模拟方案讨论、模型数据处理、模型构建、模型参数配置、模拟结果分析、模型优化等在内的地理分析模型构建与应用全流程,从而有效提升地理建模与模拟的效果。目前,在 OpenGMS、HydroShare 等多个团队的努力下,一些支持协作式地理建模与模拟的策略方法以及系统平台相继诞生,例如,面向团队协作的集成地理建模方法(Chen et al.,2019)、过程驱动的地理模拟方法(Ma et al.,2022)、基于地理科学工作流的地理模拟方法(Chen et al.,2021)、协作式数值模拟知识基础设施(Bandaragoda et al.,2019)等。

# 参 考 文 献

曹颖, 张光辉. 2009. 大气环流模式在黄河流域的适用性评价. 水文, 29(5): 1-5,22.

蔡强国, 刘纪根. 2003. 关于我国土壤侵蚀模型研究进展. 地理科学进展, (3): 142-150.

陈发虎, 李新, 吴绍洪, 樊杰, 熊巨华, 张国友. 2021. 中国地理科学学科体系浅析. 地理学报, 76(9): 2069-2073.

程国栋, 李新, 等. 2019. 黑河流域模型集成. 北京: 科学出版社.

丁兆敏, 黄刚, 王鹏飞, 屈侠. 2017. 耦合模式ICM模拟的近千年气候特征. 气候与环境研究, 22(6): 717-732.

傅伯杰, 冷疏影, 宋长青. 2015. 新时期地理学的特征与任务. 地理科学, 35(8): 939-945.

顾朝林. 2022a. 近代地理学及其发展. 中学地理教学参考, (7): 22-25,43.

顾朝林. 2022b. 中国近现代地理学发展与科学救国. 中学地理教学参考, (11): 22-27,2.

顾朝林. 2022c. 现代地理学及其发展. 中学地理教学参考, (9): 24-27,33.

顾朝林. 2022d. 当代地理学新进展. 中学地理教学参考, (13): 30-33.

李保国, 胡克林, 黄元仿, 刘刚. 2005. 土壤溶质运移模型的研究及应用. 土壤, (4): 345-352.

李占斌, 朱冰冰, 李鹏. 2008. 土壤侵蚀与水土保持研究进展. 土壤学报, (5): 802-809.

廖小罕. 2020. 地理科学发展与新技术应用. 地理科学进展, 39(5): 709-715.

林忠辉, 莫兴国, 项月琴. 2003. 作物生长模型研究综述. 作物学报, (5): 750-758.

刘迪. 2014. ADMS大气扩散模型研究综述. 环境与发展, 26(6): 17-18.

卢宾宾, 葛咏, 秦昆, 郑江华. 2020. 地理加权回归分析技术综述. 武汉大学学报(信息科学版), 45(9): 1356-1366.

马蔼乃. 1996. 论地理科学的发展. 北京大学学报(自然科学版), (1): 120-129.

马蔼乃. 2002. 钱学森论地理科学. 中国工程科学, (1): 1-8.

马蔼乃. 2010. 地理科学的体系. 科学中国人, (10): 16-19.

马钢, 潘玲, 马增辉. 2021. 生态系统服务评价模型及实证研究. 安徽农学通报, 27(2): 141-143.

美国国家科学院研究理事会. 2011. 刘毅, 刘卫东, 等译. 理解正在变化的星球: 地理科学的战略方向. 北京: 科学出版社.

钱学森. 1987. 发展地理科学的建议(在第二届全国天地生相互关系学术讨论会上的发言). 大自然探索, (1): 1-5.

钱学森等. 1994. 论地理科学. 杭州: 浙江教育出版社.

宋长青, 程昌秀, 杨晓帆, 叶思菁, 高培超. 2020. 理解地理"耦合"实现地理"集成". 地理学报，75(1)：3-13.

孙炜毅, 刘健, 高超超, 陈敏. 2021. 过去 2000 年北半球不同纬度温度对火山活动的响应. 科学通报, 66(24)：3194-3204.

孙毅义, 董浩, 毕朝辉, 李治平. 2004. 大气辐射传输模型的比较研究. 强激光与粒子束, (2)：149-153.

王海超, 焦文玲, 邹平华. 2010. AERMOD 大气扩散模型研究综述. 环境科学与技术, 33(11)：115-119.

王建平, 孙文新, 苏林猛. 2013. 基于 SALUS 与 WebGIS 整合的作物生长模拟. 中国农业科技导报, 15(5)：120-128.

王劲峰, 徐成东. 2017. 地理探测器：原理与展望. 地理学报, 72(1)：116-134.

王心源, 郭华东. 1999. 地球系统科学与数字地球. 地理科学, (4)：344-348.

王占山, 李晓倩, 王宗爽, 武雪芳, 车飞, 聂鹏. 2013. 空气质量模型 CMAQ 的国内外研究现状. 环境科学与技术, 36(S1)：386-391.

王铮. 2011. 计算地理学的发展及其理论地理学意义. 中国科学院院刊, 26(4)：423-429.

王自发, 庞成明, 朱江, 安俊岭, 韩志伟, 廖宏. 2008. 大气环境数值模拟研究新进展. 大气科学, (4)：987-995.

韦玉春, 陈锁忠, 等. 2005. 地理建模原理与方法. 北京：科学出版社.

奚为民, 戴尔阜, 贺红士. 2016. 森林景观模型研究新进展及其应用. 地理科学进展, 35(1)：35-46.

徐建华. 2010. 地理建模方法. 北京：科学出版社.

徐宗学等. 2009. 水文模型. 北京：科学出版社.

尹灵芝. 2018. 用于泥石流灾害快速风险评估的实时可视化模拟分析方法. 西南交通大学博士研究生学位论文.

岳天祥, 赵娜, 刘羽, 王轶夫, 张斌, 杜正平, 范泽孟, 史文娇, 陈传法, 赵明伟, 宋敦江, 王世海, 宋印军, 闫长青, 李启权, 孙晓芳, 张丽丽, 田永中, 王薇, 王英安, 马胜男, 黄宏胜, 卢毅敏, 王情, 王晨亮, 王玉柱, 鹿明, 周伟, 刘熠, 尹笑哲, 王宗, 包正义, 赵苗苗, 赵亚鹏, 焦毅蒙, Ufra Naseer, 范斌, 李赛博, 杨阳, John P. Wilson. 2020. 生态环境曲面建模基本定理及其应用. 中国科学：地球科学, 50(8)：1083-1105.

周新尧. 2013. 陆面过程模型模拟径流评价及改进. 中国科学院大学博士研究生学位论文.

郑度. 2001. 地理学研究进展与前瞻. 中国科学院院刊, (1)：10-14.

郑度, 杨勤业. 2015. 中国现代地理学的发展历程. 科学, 67(5)：45-49.

Abou-Senna, H., Radwan, E., Westerlund, K., Cooper, C. D. 2013. Using a traffic simulation model (VISSIM) with an emissions model (MOVES) to predict emissions from vehicles on a limited-access highway. *Journal of the Air & Waste Management Association*, 63(7)：819-831.

Ascough Ⅱ, J.C., David, O., Krause, P., Fink, M., Kralisch, S., Kipka, H., Wetzel, M. 2010. Integrated agricultural system modeling using OMS 3：Component driven stream flow and nutrient dynamics simulations. International Congress on Environmental Modelling and Software. Ottawa, Canada.

Bandaragoda, C., Castronova, A., Istanbulluoglu, E., Strauch, R., Nudurupati, S.S., Phuong,

J., Adams, J. M., Gasparini, N. M., Barnhart, K., Hutton, E. W., Hobley, D. E. J. 2019. Enabling collaborative numerical modeling in earth sciences using knowledge infrastructure. *Environmental Modelling & Software*, 120: 104424.

Barton, C. M., Alberti, M., Ames, D., Atkinson, J. A., Bales, J., Burke, E., Chen, M., Diallo, S. Y., Earn, D. J., Fath, B., Feng, Z. 2020. Call for transparency of COVID-19 models. *Science*, 368(6490): 482-483.

Barton, C. M., Lee, A., Janssen, M. A., van der Leeuw, S., Tucker, G. E., Porter, C., Greenberg, J., Swantek, L., Frank, K., Chen, M., Jagers, H. R. 2022. How to make models more useful. *Proceedings of the National Academy of Sciences*, 119(35): 2202112119.

Bates, P., Trigg, M., Neal, J., Dabrowa, A. 2013. LISFLOOD-FP. User Manual. School of Geographical Sciences, University of Bristol. Bristol, UK.

Belete G F, Voinov A, Morales J. 2017. Designing the distributed model integration framework——DMIF. *Environmental Modelling & Software*, 94: 112-126.

Chen, M., Yue, S., Lü, G., Lin, H., Yang, C., Wen, Y., Hou, T., Xiao, D., Jiang, H. 2019. Teamwork-oriented integrated modeling method for geo-problem solving. *Environmental Modelling & Software*, 119: 111-123.

Chen, M., Voinov, A., Ames, D. P., Kettner, A. J., Goodall, J. L., Jakeman, A. J., Barton, M. C., Harpham, Q., Cuddy, S. M., DeLuca, C., Yue, S. 2020. Position paper: Open web-distributed integrated geographic modelling and simulation to enable broader participation and applications. *Earth-Science Reviews*, 207: 103223.

Chen, Y., Lin, H., Xiao, L., Jing, Q., You, L., Ding, Y., Hu, M., Devlin, A. T. 2021. Versioned geoscientific workflow for the collaborative geo-simulation of human-nature interactions——A case study of global change and human activities. *International Journal of Digital Earth*, 14(4): 510-539.

Choi, J. Y., Engel, B. A. 2003. Real-time watershed delineation system using Web-GIS. *Journal of Computing in Civil Engineering*, 17(3): 189-196.

Dubois, G., Schulz, M., Skøien, J., Bastin, L., Peedell, S. 2013. eHabitat, a multi-purpose Web Processing Service for ecological modeling. *Environmental Modelling & Software*, 41: 123-133.

Foley, J. A., Prentice, I. C., Ramankutty, N., Levis, S., Pollard, D., Sitch, S., Haxeltine, A. 1996. An integrated biosphere model of land surface processes, terrestrial carbon balance, and vegetation dynamics. *Global Biogeochemical Cycles*, 10(4): 603-628.

Granell, C., Díaz, L., Gould, M. 2010. Service-oriented applications for environmental models: Reusable geospatial services. *Environmental Modelling & Software*, 25: 182-198.

Hickler, T., Prentice, I. C., Smith, B., Sykes, M. T., Zaehle, S. 2006. Implementing plant hydraulic architecture within the LPJ Dynamic Global Vegetation Model. *Global Ecology and Biogeography*, 15(6): 567-577.

Hill, C., DeLuca, C., Balaji, Suarez, M., Silva, A. D. 2004. The architecture of the earth system modeling framework. *Computing in Science & Engineering*, 6(1): 18-28.

Lai, Z., Chen, C., Cowles, G. W., Beardsley, R. C. 2010. A nonhydrostatic version of FVCOM: 1.

Validation experiments. *Journal of Geophysical Research: Oceans*, 115: C11010, doi: 10. 1029/2009JC005525.

Lekone, P.E., Finkenstädt, B.F. 2006. Statistical inference in a stochastic epidemic SEIR model with control intervention: Ebola as a case study. *Biometrics*, 62(4): 1170–1177.

Li, X., Cheng, G., Wang, L., Wang, J., Ran, Y., Che, T., Li, G., He, H., Zhang, Q., Jiang, X., Zou, Z. 2021. Boosting geoscience data sharing in China. *Nature Geoscience*, 14(8): 541–542.

Liu, X., Liang, X., Li, X., Xu, X., Ou, J., Chen, Y., Li, S., Wang, S., Pei, F. 2017. A future land use simulation model (FLUS) for simulating multiple land use scenarios by coupling human and natural effects. *Landscape and Urban Planning*, 168: 94–116.

Moore, R.V., Tindall, C.I. 2005. An overview of the open modelling interface and environment (the OpenMI). *Environmental Science & Policy*, 8(3): 279–286.

Parton, W.J. 1996. *The CENTURY Model. Evaluation of Soil Organic Matter Models*. Berlin, Heidelberg: Springer, 283–291.

Peckham, S.D., Hutton, E.W.H., Norris, B. 2013. A component-based approach to integrated modeling in the geosciences: The design of CSDMS. *Computers & Geosciences*, 53: 3–12.

Rajakumara, H.N., Gowda, R.M. 2008. Road traffic noise prediction models: A review. *International Journal of Sustainable Development and Planning*, 3(3): 257–271.

Rajib, M.A., Merwade, V., Kim, I.L., Zhao, L., Song, C., Zhe, S. 2016. SWATShare–A web platform for collaborative research and education through online sharing, simulation and visualization of SWAT models. *Environmental Modelling & Software*, 75: 498–512.

Roelvink, J.A., van Banning, G.K.F.M. 1995. Design and development of DELFT3D and application to coastal morphodynamics. *Oceanographic Literature Review*, 11(42): 925.

Skamarock, W.C., Klemp, J.B., Dudhia, J., Gill, D.O., Liu, Z., Berner, J., Wang, W., Powers, J.G., Duda, M.G., Barker, D.M., Huang, X.Y. 2019. A description of the advanced research WRF model version 4. National Center for Atmospheric Research: Boulder, CO, USA.

Smart, P. 2004. International network for the availability of scientific publications: Facilitating scientific publishing in developing countries. *PLoS Biology*, 2(11): e326.

Tierney, J.E., Poulsen, C.J., Montañez, I.P., Bhattacharya, T., Feng, R., Ford, H.L., Hönisch, B., Inglis, G.N., Petersen, S.V., Sagoo, N., Tabor, C.R. 2020. Past climates inform our future. *Science*, 370(6517): eaay3701.

Whelan, G., Kim, K., Pelton, M.A., Castleton, K.J., Laniak, G.F., Wolfe, K., Parmar, R., Babendreier, J., Galvin, M. 2014. Design of a component-based integrated environmental modeling framework. *Environmental Modelling & Software*, 55: 1–24.

White, M.A., Thornton, P.E., Running, S.W., Nemani, R.R. 2000. Parameterization and sensitivity analysis of the BIOME－BGC terrestrial ecosystem model: Net primary production controls. *Earth Interactions*, 4(3): 1–85.

Zeng, H., Alarcon, V.J., Kingery, W., Selim, H.M., Zhu, J. 2002. A web-based simulation system for transport and retention of dissolved contaminants in soil. *Computers and Electronics in Agriculture*, 33(2): 105–120.

# 第2章

# 地理分析模型描述体系

## 2.1　地理分析模型分类体系

### 2.1.1　模型分类背景

随着地理学的发展和新理论、新技术的引入,地理分析模型被运用到诸多领域的问题求解中并被逐渐完善,从而出现了形式多样、风格各异的模型。面对这些纷繁异构的地理分析模型,可从存在形式、应用领域和开发风格三个不同视角对其加以划分。

从模型存在形式的视角出发,地理分析模型往往表现为用于计算各种地理学定量指标的公式、图表、流程图等形式,例如,基于结构框图和公式描述形式的四水源新安江流域模型、《资源环境数学模型手册》中记录的大量公式模型等(胡凤彬等,1986;岳天祥,2003)。这些形式的模型是传统地理学模型的雏形,其所描述的信息和计算流程一般以论文和书籍等方式进行记录,使用者在具体应用过程中需自己查阅模型资料,按照公式进行计算(Claeson et al.,1968)。随着计算机技术的不断发展,以计算机程序为主要形式的地理分析模型随之出现(Langran,1989;狄小春,1990)。这类模型通常有几个基本组成部分,包括程序源码、面向用户的界面程序、独立可执行性程序、可执行脚本和组件类库等,其相关描述通常出现在模型的用户手册及有关文献之中。尽管这些计算机程序可为用户所用,但受制于其较强的异构性,通常难以被研究者有效地、高效地重复利用。近年来,基于计算机软件技术和日益成熟的网络技术,一些模型可以通过网络被发布成网络化应用系统或者可调用服务。这类模型依靠网络的连通性、便捷性等特点,通常具备较高共享性和可复用性。但是,因为该类模型是以网络为基础发展起来的,所以对于网络有着高度的依赖,在网络较差的环境中难以得到应用;对开发人员而言,该类模型开发成本通常也要高于常规本地化的模型。

从应用领域的视角出发,地理分析模型能够被运用于水文、大气和土壤等不同领域,实现地理现象模拟与过程预测。在水文领域中,地理分析模型常被用于模拟地表水循环的降水、径流、蒸发等过程,或者对水环境的一些指标进行时空反演(Willmott et al.,1985;刘昌明和孙睿,1999;李峰平等,2013;汤秋鸿,2020)。在大气领域中,地理分析模型可以用于模拟全球或者区域气象条件,对空气中部分物质含量以及空气质量进行分析,进一步实现对全球尺度温室效应和全球变化的研究(Chang and Hanna,2004;王晓君和马浩,2011;杨柳林等,2015)。在土壤及土地相关领域中,地理分析模型可用于模拟土地利用变化,分析土壤中的成分、条件(如温度、湿度),或预测污染物在土壤中的扩散等(唐华俊等,2009;Huang et al.,2018;Peng et al.,2020)。在生态学领域中,地理分析模型可用于计算生物量的输出,追踪各种元素(如碳、磷、氮等)在生物群落中的固定和释放,以及模拟生态环境各种指标与参数的变化等(Thornton and Running,2000;Sitch et al.,2003;刘某承等,2010)。当然,地理分析模型的应用并不限于以上领域,也可应用于环境、人文和灾害等领域及相关决策支持(Zahran et al.,2006;Yi and Özdamar,2007;Kaiser et al.,2013;Allen et al.,2016;Li et al.,2018)。

从开发风格的视角出发,不同地理分析模型因其开发机构、使用计算机技术的不同而存在不同风格。其中,比较常用的开发风格有源码开发、应用程序开发、组件式开发和服务式开发。源码开发是指使用计算机开发技术中常用的编译语言(如 C++、C#、Java 等)或者脚本语言(如 Python、R、JavaScript 等)进行的开发。这种开发风格应用性很强,以解决具体问题为导向,但是存在复用程度低等问题;在面向另一相似问题求解时,常需要修改或者重新组织代码。应用开发是为解决某一地理问题而开发相应专题应用程序的过程。这类风格的模型有的具有可交互用户界面,有的只是一种可执行程序,通常能够在适当的运行环境中独立运行,并具有一定的交互逻辑(如数据的输入和输出、开始模拟、结束模拟等)及一定的用户友好性。组件式开发是将地理分析模型开发成程序组件(如exe 可执行程序)、库组件(如 DLL、SO 动态链接库)和脚本组件(如 Python、R)等的过程。有些组件(如程序组件)可以独立运行,而有些则需要借助相关应用程序或工具才能使用。组件按照规范接口与交互逻辑进行设计,以便用户能够统一重用并集成到应用中。服务式开发通常以模型组件为基础,基于网络技术生成模型服务并进行服务分发。与组件式开发相比,服务式开发的模型更具共享性和灵活性,用户不需要复制组件就可以实现模型调用。虽然计算机网络技术的发展在一定程度上解除了模型使用对平台的限制,但由于其基于网络服务的存在形式,使用服务式开发的模型仍需要依赖高质量的网络通信能力。

随着各种新技术新方法不断融入模型中,地理分析模型的形式愈加多样。例如,SWMM(Storm Water Management Model)是美国环境保护署(U.S. Environmental Protection Agency,EPA)开发的模型,用于模拟在降水事件中城市水质与水量的变化,以支撑城市发展中的排水系统设计与规划(Rabori and Ghazavi,2018)。起初,SWMM 模型的存在形式只有源码,在相关团队的深入开发之后,也产生了许多模型组件以及与之对应的网络化应用程序等(Xiao et al.,2019;Zeng et al.,2021)。

表 2.1 展示了本节涉及的地理分析模型,并对其存在形式、应用领域和开发风格等特点进行了分析。

表 2.1 部分地理分析模型归纳

| 名称 | 存在形式 | 应用领域 | 开发风格 | 参考文献 |
|---|---|---|---|---|
| D8 | 公式/计算机程序 | 地形 | 源码 | O'Callaghan and Mark,1984 |
| SWAT | 计算机程序 | 水文 | 源码/应用 | Neitsch et al.,2011 |
| SWMM | 计算机程序 | 水文/灾害 | 源码/应用/组件/服务 | Rossman,2010 |
| STARS | 计算机程序 | 人文 | 源码/应用 | Ye and Wei,2005;Ye and Rey,2013 |
| FVCOM | 计算机程序 | 水文 | 源码 | Qi et al.,2009 |
| WRF | 计算机程序 | 大气 | 源码/应用 | Skamarock and Klemp,2008;王晓君和马浩,2011 |
| GeoSOS | 计算机程序 | 土壤 | 应用 | Li et al.,2011 |
| GCAM-CA | 计算机程序 | 土壤 | 服务 | Cao et al.,2019 |

## 2.1.2 模型分类原则

为实现地理分析模型的高效管理,支撑地理分析模型的共享、集成、重用与建模模拟,完善的分类体系设计是地理分析模型面对整理、建库、管理、更新、共享、交换与集成的首要步骤。在设计模型分类体系时应遵循以下原则。

1)科学性原则

根据地理分析模型对地理对象的客观、本质属性和主要特征以及对象之间相关联系进行抽象与描述,分析划分地理分析模型的不同层次与次序关系,对其进行科学分类,形成系统的分类与编码体系。

2)实用性原则

对地理分析模型进行分类和编码,直接服务于地理分析模型的整理、建库、管理、更新、共享、交换与集成,为地理对象的建模模拟提供标准化分类依据。

3)简明性原则

对地理分析模型的分类与编码,力求简洁明了,便于实际应用。

4)稳定性原则

分类体系应选择地理分析模型最稳定的特征和属性作为分类依据,能在较长时间里不发生重大改变。

5)完整性原则

分类体系既要反映地理分析模型的类型特征,又要反映模型间的层次等级等相关关系,具有完整性。

6)兼容性原则

综合分析国内外相关学术研究成果,充分考虑分类体系延续性和实际使用继承性,并注意提高国际可比性,同时兼顾不同应用领域的实际情况,使其具有可操作性。

7)扩延性原则

现代科学地理分析建模模拟中具有多学科、多领域高度动态耦合特征,应为潜在的地理分析模型构建留有余地,以便在分类体系相对稳定的情况下得到扩充和延续。

此外,特征是对模型进行分类的依据,是模型分类体系的基础。所谓特征,就是事物在某一侧面所展现的典型属性。在设计模型分类体系时,需要最先考虑模型特征。由于模型的属性是多方面的,在分类中常选用一种或多种属性作为分类特征。两模型是否归为一类,关键是看其分类特征取值是否一致,如果两模型分类特征取值一致,就归在同一范畴。因此,分类特征的选择对分类结果有直接的影响,选取适当的特征对于确保模型分类体系质量至关重要。

模型分类体系层次与分类粒度粗细紧密相关。在分类过程中,粒度反映在被分割所得粒子中的元素个数上。粒子中所具有的元素越少,其粒度越细;反之,元素越多,粒度越粗;同时,为确保粒子数量适中,通常需要迭代优化粒度。

　　在模型分类体系结构优化中,要选取最优结构以便用户使用。但层次与粒度相互制约,最优结构的模型分类体系通常需要进行综合权衡。较少的层次通常简洁明了,但其表示分类的粒度相对较粗,难以支撑复杂的模型分类;要在层次简洁的情况下进行较细粒度划分,则会带来相对较多的类别;然而,类别多少又受到单位时间处理信息能力等因素的制约,过多的类别数会带来较大的信息处理负荷。因此,在模型分类体系的结构设计中往往存在深度(层次数量)、宽度(类别数量)互换的权衡。

### 2.1.3　常见的模型分类体系

　　结合以上原则分析可以发现,相对理想的体系结构呈现出以下特点:层次少,一般为2~3层;类别比较全面、均衡;类别排序考虑到相关性和重要性;有一定的灵活性。以下针对不同视角归纳出常用模型分类体系。

　　1) 模型特征视角

　　从地理分析模型的特征出发,解析出模型的八类主要特征,进而对其对应的分类进行归纳,分别为地球系统科学分类、数学模型方法分类、表示方法分类、层次分类、时空分类、机理分类、空间信息分类、空间数据表达分类。

　　地球系统科学分类依据模型应用领域对模型进行分类,可分为日地系统模型、大气系统模型、冰雪系统模型、水系统模型、土壤系统模型、生态系统模型、人文-社会-经济系统模型、固体地球系统模型、陆地系统模型和海洋系统模型等。

　　数学模型方法分类依据模型中使用的数学方法对模型进行分类,可分为统计学模型、规划模型、决策分析模型、神经网络模型、灰色系统模型、系统动力学模型、模糊数学模型和数值模拟模型等。

　　表示方法分类依据模型的表示方法对模型进行分类,可分为物理模型、概念模型和数学模型等。

　　层次分类依据建模层次对模型进行分类,可分为概念模型、逻辑模型、物理模型和计算机实现模型等。

　　时空分类依据模型的时间和空间关系进行分类,可分为动态模型、静态模型、连续性模型和离散模型等。

　　机理分类依据模型所涉及的地理过程和机制进行分类,可分为现象模型、机理模型和过程模型等。

　　空间信息分类依据模型对空间信息的处理方式或空间异质性的程度进行分类,可分为非空间模型、准空间模型和空间显式模型等。

　　空间数据表达分类依据模型所使用的空间数据类型进行分类,可分为基于栅格数据的模型、基于矢量的模型和基于矢量-栅格混合数据的模型等。

2）建模者视角

从建模者的角度出发,根据在构建地理分析模型时考虑的因素,可以将地理分析模型分为如下几类(林振山等,2003;徐建华和陈睿山,2017)。

(1) 按照建立模型的数学方法(或所属数学分支)

可分为初等数学模型、几何模型、微分动力学方程模型、空间结构模型、随机动力学模型、规划论模型、模糊模型、灰色系统模型、神经网络模型、非线性动力学模型等。

(2) 按照模型的研究领域或所属学科

可分为人口模型、交通模型、环境模型、生态模型、城镇规划模型、水资源模型、再生资源利用模型、污染模型、经济模型、政府管理模型等。

(3) 按照模型的表现特性

- 静态模型和动态模型:地理系统分为静态系统和动态系统。静态系统即系统在任何一个时刻的输出只与该时刻的输入有关,动态系统在任何一个时刻的输出不仅与该时刻的输入有关,也与该时刻以前的输入有关。依据模型描述的是静态系统还是动态系统,可以将模型分为静态模型和动态模型。
- 确定性模型和随机性模型:取决于是否考虑随机因素的影响,可以将模型分为确定性模型和随机性模型。近年来随着数学的发展,又有所谓突变性模型和模糊性模型。
- 线性模型和非线性模型:取决于模型的基本关系,如系统的相互作用、运动形式或微分方程是否是线性的,可以将模型分为线性模型和非线性模型。
- 离散模型和连续模型:根据模型中的变量(主要是时间变量)是离散还是连续的,可以将模型分为离散模型和连续模型。

(4) 按照建模目的

可分为描述模型、分析模型、预报模型、优化模型、决策模型、控制模型等。

(5) 按照对模型结构的了解程度

可分为白箱模型、灰箱模型、黑箱模型。白箱模型指建模者事先对系统(即"箱子")的内在机制或规律较为明白,主要应用于物理、化学等机理相对清楚的学科领域以及相应的工程技术领域;灰箱模型是指建模者事先对系统的内在机制或规律有所了解,但尚不十分清楚,主要应用于生态、环境、地理、天文、气象、经济、交通等领域;黑箱模型则主要指建模者事先对系统的内在机制和规律几无了解,主要应用于生命科学和社会科学等领域中的一些前沿问题。当然,所谓的白箱、灰箱、黑箱之间并没有明显的界限。可以想象,随着地理机理的研究深入,各类"箱子"的颜色必将逐渐由黑变灰,由灰变白。

（6）按照模型的参数特征

- 非参数模型与参数模型:非参数模型是指模型中非显式地包含可估参数,它直接或间接地从实际系统的实验分析中得到响应。参数模型的参数是显示表达的,能够明确已知模型结构中所需要的不同参数。
- 单变量模型和多变量模型:只有一个变量的模型称为单变量模型,如时间序列模型、单变量辨别分析模型等。含有两个及以上变量的模型称为多变量模型,如多元回归分析模型、主成分分析模型等。
- 集中参数模型和分布参数模型:集中参数模型中模型的各变量与空间位置无关,它把变量看作在整个系统中是均一的,例如代数方程是稳态模型中的集中参数模型,常微分方程则是动态模型中的集中参数模型。分布参数模型中至少有一个变量与空间位置有关。例如,空间自变量的常微分方程是稳态模型中的一种分布参数模型,偏微分模型则是一种动态模型中以空间、时间为自变量的分布参数模型。

3）模型使用者视角

从模型使用者的角度出发,在发现、使用模型时通常不会首先关心模型的内部实现逻辑,而会重点关注模型的应用领域、时空尺度是否能够与问题相适配,以及模型的可用性。因此,可以将模型分为以下几类。

（1）根据模型应用领域的分类方法

现有的地理分析模型共享资源库通常按照这一分类方法对模型进行归类,如地表动态建模系统联盟（Community Surface Dynamics Modeling System,CSDMS）将模型按照应用领域分为碳酸盐和生物基因学模型、气候模型、沿海模型、冰冻圈模型、生态系统模型、地球力学模型、人类维度模型、水文模型、海洋模型、行星地貌模型、陆地模型等。开放式建模与模拟平台（Open Geographic Modeling and Simulation,OpenGMS）首先将地理分析模型按照应用及方法进行了分类。对于前者,OpenGMS 从自然视角、人文视角和综合视角对其进行分类:①从自然视角来看,地理分析模型可分为陆地圈模型、海洋圈模型、冰冻圈模型、大气圈模型、太空-地球模型、固体地球模型等;②从人文视角来看,地理分析模型可分为发展活动模型、社会活动模型、经济活动模型等;③从综合视角来看,地理分析模型可分为全球综合模型和区域综合模型等。对于后者,OpenGMS 从数据视角和过程视角对其进行分类:①从数据分析方法视角来看,地理分析模型可分为地理信息分析模型、遥感分析模型、地统计分析模型、智能计算分析模型等;②从模拟过程视角来看,地理分析模型可分为物理过程模型、化学过程模型、生物过程模型、人类活动模型等。

(2)根据模型尺度的分类方法

按照模型模拟的时间尺度,可分为百万年以上尺度模型、百万年尺度模型、万年尺度模型、千年尺度模型、百年尺度模型、十年尺度模型、年尺度模型、月尺度模型、日尺度模型、日以下尺度模型、基于事件的模型(以"次"为单位,如降水)等。

按照模型模拟的空间尺度,可分为全球尺度模型、洲际尺度模型、区域尺度模型、流域尺度模型、地块尺度模型等。

(3)根据模型可用性的分类方法

按照模型的发布模式,可分为开源模型和商业模型等。
按照模型的使用方式,可分为本地化模型和远程调用模型等。

## 2.2    地理分析模型元数据标准

### 2.2.1    模型元数据需求分析

地理分析模型是对现实世界中地理现象、地理过程的抽象或简化,用于描述地理环境中各种地理要素的时空演化过程、相互作用关系以及演变规律。地理分析模型已经成为探索地理环境变化机理、预测未来变化趋势、制定可持续发展措施所不可缺少的重要工具。在最近几十年里,地理分析模型的数量迅速增加,据不完全统计,2014 年地理分析模型的数量已经达到 14 万个,广泛应用于水文、土壤、大气、生态及人类活动等领域。这些模型的存在形式多种多样,可以以源代码、可执行文件或公式等形式存在。当前尽管在建模技术方面取得了一些成就,但在模型的全面描述方面仍存在瓶颈。受限于地理分析模型的多样性和异构性,模型使用者想要使用某个模型来解决具体问题时,往往要花费大量的精力来研究模型的适用条件及使用方法。地理分析模型的这些特性严重制约了地理分析模型的共享与重用,阻碍了复杂地理环境的综合模拟与协作式地理研究。

为了解决上述问题,人们通常会使用元数据文档对模型的特征进行记录。地理分析模型元数据是结构化描述模型和标准化理解模型的重要手段。当前,不同领域的研究人员针对各自领域模型的特征,设计了多种模型元数据描述方法,但是这些标准很难应用于其他领域,因为它们通常包含特定领域的术语,却不具备其他领域的必要概念。此外,这些标准对模型中所使用数据集的内容、质量、格式和可访问性的描述通常关注不够,模型结构和运行过程中的行为也往往没有被记录。

近年来,学术界尝试寻求覆盖范围相对较广、相对通用的模型描述规范,出现了 CSDMS Metadata、MSM、ECOBAS、ODD、TRACE、Meece、CAPRI 和 CoMSES Metadata 等模型描述方法,并尝试在此基础之上,发展模型共享与复用的社区,如 CSDMS、CoMSES Net、CIG、OpenGMS 等。通过设计地理分析模型元数据及其表达方式,将能够有效地帮助地理分析模型使用者快速了解模型,实现地理分析模型共享,为复杂地理问题求解提供重要途径。

## 2.2.2  模型元数据标准概念

"Meta"一词的意思是"自我指涉"(Oxford Dictionary,2015)。依据其定义,如果一个模型提供关于现实的信息,那么元数据应提供关于模型本身的信息(Atkinson and Kühne,2003)。

元建模的概念出现于 20 世纪 90 年代末。自此之后,元数据出现在各种倡议中,包括统一建模语言或 UML(Rumbaugh et al.,1998)和 EIA/CDIF(电子工业联盟/CASE 数据交换格式)(Flatscher,1998)架构框架。到目前为止,元数据和元建模概念已经在各种出版物中进行了讨论。

在本节中,我们将"模型元数据"定义为对模型自身的参考,或用于描述模型的数据,用于描述或记录模型的目的、输入、输出等特征信息。

元数据的标准化是使其能够在不同的应用领域中可用,从而提供交换数据、信息和逻辑以及支持模型重用的能力的关键。因此,本节引入了"模型元数据标准"这一概念,它被定义为一组预设的构造,用于记录模型的特征,以支撑模型的可共享、可互操作与可重用。模型元数据标准应该是分层的,提供关于模型不同程度的细节,以满足不同粒度模型使用和集成的需求。根据元数据标准的不同级别,也可以对相同的模型进行详略程度不同的文档化。

模型、元数据和元数据标准之间关系的一个例子如下:在建模过程中,模型开发者会将他们所研究的问题进行抽象,并通过模型特征进行展现。模型特征的记录可以被认为是模型的元数据。但不同模型的特征千差万别,记录者的习惯也不尽相同,为了规范模型元数据的结构与内容,使模型容易被理解与发现,需要一套准则来对记录者的行为进行指导,这就形成了模型元数据标准。

### 2.2.3 常见的模型元数据标准

目前,不同学科领域的模型研究人员已经设计了多种模型元数据标准,这些标准通常基于不同学科中建模人员的不同需求,但较少考虑模型潜在用户的需求。同时,对于模型元数据标准的内容、上下文、质量、结构和可访问性需求等,仍然没有达成共识。由于不同模型的元数据格式和详尽程度不一,模型使用者对于模型的认知很容易出现偏差(Benz and Knorrenschild, 1997; Benz et al., 2001; Tiktak and van Grinsven, 1995; Schuurmans, 1993; Russell and Layton, 1992)。为了克服这个问题,模型研究者构建了诸多适用于不同领域的模型元数据标准。下面介绍一些常被引用的模型元数据标准。

1) ECOBAS_MIF

在早期建模过程中,建模者往往忽视对模型文档的整理,建模和模型文档被视为两个不同的过程。因此,模型文档对模型的记录经常出现疏漏,根据文档运行较复杂的模型几乎是不可能的。受限于模型的编程语言,模型互操作仅限于简单的模型。为了推进模型构建、模型文档编制和模型互操作的高效运行,Benz等(2001)设计了 ECOBAS_MIF 元数据标准。ECOBAS_MIF 是一种直观清晰的模型规范语言,用于创建和记录模型。除了数学构造和变量的说明之外,它还包含了单位、大小、创建和验证模型的环境、用于测量变量的方法、模型创建者通信地址和引用说明(图 2.1)。依据该标准能够生成一种易于发现、获取、比较且支持互操作的模型元数据文档。

2) CoMSES Net 模型元数据标准

CoMSES Net (Network for Computational Modeling in Social and Ecological Sciences)是一个由研究人员、教育工作者和专业人员组成的开放社区,其目标是面向社会和生态系统的研究改进基于主体的计算模型,优化开发、共享、使用和重用的方式(Janssen et al., 2008)。CoMSES Net 遵循 FAIR 原则开发并维护了计算模型库,以实现公平访问和使用计算模型。这是一个支持发现和实践的数字存储库,允许模型引用、在线存储、复现以及重用。CoMSES Net 为其设计了一套模型元数据标准,模型作者可以依照这套标准在计算模型库中发布他们的模型代码、文档和数据依赖项等,从而实现对 FAIR 原则以及软件引用的支持。模型

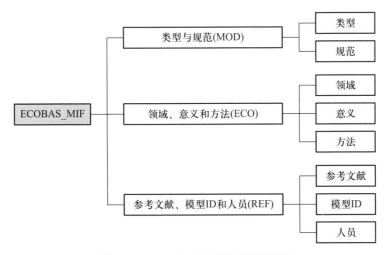

图 2.1 ECOBAS_MIF 模型元数据框架

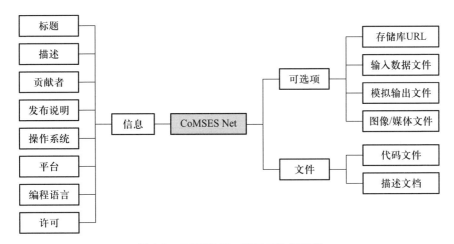

图 2.2 CoMSES Net 模型元数据框架

作者还可以请求对其模型代码进行同行评审以获得该模型资源的数字对象唯一标识符(DOI)。图 2.2 为模型发布时需要填写的元数据信息。

3) CSDMS 模型元数据标准

CSDMS 是一个多元化的专家社区,通过开发、支持和传播集成软件模块来促进地球表面过程的建模(Tucker et al.,2022)。为了促进模型的共享与重用,CSDMS 构建了地球表面动态模型库,并定义了一组元数据标准来描述模型,为模型开发团队提供支撑平台和软件许可、模型输入和输出、过程和关键参数以及约束限制等信息(图 2.3)。该元数据标准包括指向实际源代码的链接,需要通过个人 Web 存储库或 CSDMS 社区存储库来提供。存储在 CSDMS Web 服务器上的所有模型元数据以及实际源代码(当存储在 GitHub 上的 CSDMS 代码存储库中时)都可以通过 Web 应用程序编程接口(API)访问,这使得自动查找和使用模型成为可能。截至 2022 年 8 月,CSDMS 模型库共拥有 410 个开源模型。

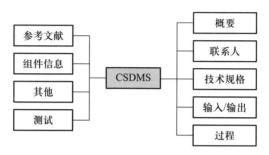

图 2.3 CSDMS 模型元数据框架

4) ODD

ODD(Overview, Design Concepts and Details)的设计目的是使基于智能体模型(agent-based model,ABM)描述文档的编写和读取变得更容易,促进模型重用。ODD 基于自然语言,可以包括方程和简短的算法,旨在供人类阅读,不提供用于运行模型的硬件和软件信息。ODD 由 7 个元素组成,并被分为三类:概述(overview)、设计概念(design concepts)和细节(details)(图 2.4),因此缩写为 ODD(Grimm et al.,2006)。

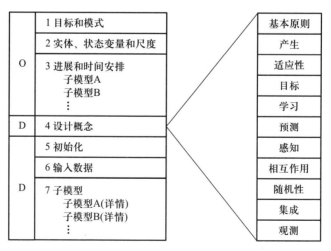

图 2.4 ODD 模型元数据框架

5）TRACE

当前,地理分析模型的决策支持潜力逐渐得到认可,然而一个模型是否足够真实和可靠通常仍不清楚。因此,Schmolke 等(2010)设计了用于记录模型基本原理、设计理念和测试信息的通用框架 TRACE(Transparent and Comprehensive Ecological Modeling)文档。最初,TRACE 旨在记录良好的建模实践。然而,"文档"一词并不能表达 TRACE 的重要性。因此,Grimm 等(2014)将 TRACE 重新定义为一种用于规划、执行和记录良好建模实践的工具。TRACE 文档应提供令人信服的证据,证明模型经过深思熟虑的设计、正确的实施、彻底的测试、充分的理解并适用于其预期目的。TRACE 文档将模型背后的科学原理与其应用联系起来,也将建模者和模型使用者(如利益相关者、决策者和政策制定者)联系起来。为了使其使用更加一致且高效,TRACE 的设计者又对其进行了更新,更新后的 TRACE 格式遵循最新提出的模型"EVALUDATION"框架:在模型开发、分析和应用的所有阶段建立模型质量和可信度的过程记录(图 2.5)。因此,TRACE 成为规划、记录和评估模型的工具,并有助于了解模型背后的基本原理及其预期用途。

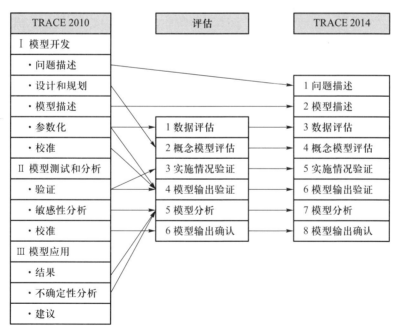

图 2.5　TRACE 及其改进过程

6) OMF 模型元数据标准

OMF(Open Modeling Foundation)是一个国际开放科学社区,致力于实现人类和自然系统的开放式建模。作为一个建模组织联盟,它支持不同的建模科学家以及社区之间的协作,并管理了一系列共同的、由社区开发的标准和最佳实践。OMF 致力于通过使模型更容易被发现和访问来促进建模科学,旨在开发和提出用于模型可访问性、可重用性、可再现性和互操作性的通用标准和技术。OMF 成员组织致力于提升各个领域中建模科学家的工作透明度和科研道德修养。为此,OMF 提出了模型元数据标准框架(图 2.6),要求以便于理解开发人员意图的形式提供模型文档以及模型代码,从而使模型更易于测试、使用并链接到其他模型。此外,模型元数据还应该描述对建模对象所做的假设以及用于创建和测试模型的信息。

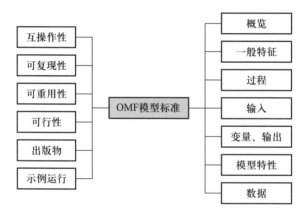

图 2.6    OMF 模型元数据标准

7) OpenGMS 模型元数据标准

OpenGMS 致力于开放网络下的分布式模拟资源共享和协作,促进更为广泛参与的地理问题探索。截至 2022 年 8 月,OpenGMS 已汇集来自全球模型研究者贡献的 3000 多个可计算模型,并面向模型共享、复用和集成设计了模型元数据标准(图 2.7)。该标准是对地理分析模型的资源化描述,规定地理分析模型元数据的内容,为地理分析的表达、使用与传播提供支撑。

8) 模型元数据标准小结

以上列举的几种模型元数据标准特点可以总结如下:ECOBAS_MIF 是面向生态学领域提出的早期模型元数据标准,虽然通用性稍显不足,但是其为领域内的模型互操作提供了支持,构建了模型元数据共享生态的雏形。CoMSES Net 面

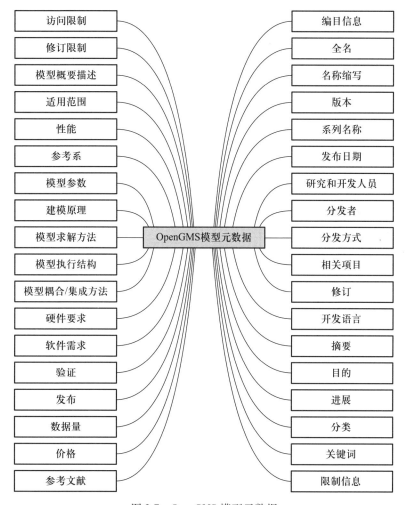

图 2.7　OpenGMS 模型元数据

向社会和生命科学领域,针对基于主体的模型开发了模型共享仓库以及用于模型存档的元数据标准。CSDMS 面向地球系统科学领域,为地表过程量化建模提供了指导性的元数据标准并构建了相应的模型库,同时该标准首次纳入了模型集成内容。ODD 元数据标准面向生态学领域,为基于主体的模型设计了针对性的元数据属性;与上述结构化元数据标准不同,ODD 采用了自然语言作为各项元数据属性内容,这提升了人类阅读的友好度,但也降低了机器可读性。TRACE 文档同样也是基于自然语言,旨在记录模型的应用情况,同时也会对模型在设计、开发阶段参照的标准进行记录。OpenGMS 面向地球系统科学领域,设计了同时兼顾单模型使用与多模型集成的结构化元数据标准,推动了模型的共享、复用和集成。

# 2.3    地理分析模型数据描述

## 2.3.1    模型数据描述需求分析

地理模型的共享与集成是地理建模与模拟领域常用的方法,相关研究内容均涉及地理模型数据。根据地理模型在计算操作上的一般特点,可以将地理模型数据划分为输入数据、输出数据和运行控制数据三类。在研究地理模型库、模型分类体系以及模型元数据时,必须完整地描述与地理模型有关的数据和参数,才能给模型使用者提供合理利用模型所需的资料;研究地理模型标准化和服务化封装时,必须将地理模型数据接口以统一方式封装,才能便于模型使用者采用统一的调用方式来驱动模型进行计算;研究地理模型集成时,不管是以编写代码方式还是以工作流与模型服务相结合的形式进行集成,最后都要涉及模型执行层次上数据参数的传递与交换问题。模型数据参数描述、数据接口封装、数据参数传递与交换这三个环节贯穿了地理模型共享与集成的全过程,它们之间既有分工也有内在关联。因此,在进行地理模型集成与综合模拟时,地理模型数据是否合规是限制"集成后的地理模型"能否正确运行的关键要素之一。

## 2.3.2    模型数据特征

综合考虑地理模型运行特点以及地理模型所面对的共享、集成需求后,我们会发现地理模型数据对于模型运行起着基础性作用,而编制出适合地理模型使用的数据实际上成为模型得以正确运行的重要条件。根据地理模型具体的运行需求进行数据准备,首先要求能正确地理解模型对数据的需求;从用户使用地理模型的角度看,这一数据需求可归结为对模型数据特征的理解。模型数据特征的一个最直接的体现就是数据格式,例如,TauDEM5.2 工具中河流网络计算模型所需的汇流累积量数据采用 GeoTIFF 为输入数据格式,若提供 ASCII Grid 格式数据,尽管两者信息内容同构,但是模型不能执行。与地理模型异构性特征相似,地理模型数据也具有显著的异构性,除数据格式多样化外,还表现出结构内容庞杂、语义相关性较强等特征。本节从模型数据表现形式、模型数据内容结构和模型数据内蕴信息三个方面对模型数据特征进行了梳理。这三者之间是密切联系、相辅相成的;前两者关注数据中显式信息,而后者关注隐含信息。

1)模型数据的表现形式

地理模型数据从表现形式上看,与模型程序开发有比较密切的联系。从理论上讲,每一个模型程序开发者均可依据其编程习惯与偏好来制定模型读写的数据格式。随着学科的不断发展以及学科间的相互融合,一些应用较为广泛的数据组织方式也不断累积起来,成为领域中普遍采用的数据格式;而地理信息技术和科学的进步,又促使地理模型开发者采用某些成熟的开源或商业化数据格式。但是由于地理建模具有复杂性、综合性等特点,在实际应用中很难找到一种完备的格式表示所有类型模型数据。地理模型开发过程中的领域性特征和开发者自身的主观性特征决定了地理模型数据具有多种形式,常见的有如下几类:

（1）自定义的数据格式

如文本文件、二进制文件、数据库等。如图 2.8a 所示,一个由河道里所有潮位点信息构成的数据包含了坐标、水位、水深、水流方向等,这些信息可以按照不同的方式进行自定义组织。在特定的地理分析模型程序中,如果读取的是自定义数据格式,则读取的规则和数据内容的组织必须完全一致,否则模型程序无法正确执行:如果读取代码中对文本文件中的两个变量值是通过逗号","分隔的,则数据文件中必须按照逗号分隔;如果读取代码中对所需要的数据库中表名定义为"Table1",且其中包含了一个 Float 类型的字段"SomeValue",则用户提供的数据库必须与之完全一致。

（2）领域通用的数据格式

如 Shapefile、ASCII Grid、NetCDF、GeoTIFF 等。这种数据格式往往是结合领域应用特征,具有特定数据模型支撑的数据格式。在地理建模领域,受到 GIS 空间分析方法和可视化效果的影响,经常利用 GIS 领域中定义的相关空间数据格式。对于领域通用格式数据的读写往往采用既有的数据读写库和 API 函数,最为典型的就是 GDAL/OGR。图 2.8b 列举了一些 GDAL 库支持的常用栅格数据格式。

（3）内存变量形式

如主函数的命令参数、API 函数的参数序列等。这种形式的地理模型数据交互在数据类型上较为简单,一般是与具体编程语言相关的简单数据类型,如 int、float、double、string 等。

在一个地理模型运行过程中,这几种形式可能同时存在,既需要读取领域通用数据格式,又需要读取自定义的数据格式,在模型的某个功能层面还需要以内存变量的形式暴露数据接口。

2）模型数据的内容结构

地理模型中数据的表现形式主要通过模型调用接口暴露给用户,而在数据表现形式背后隐藏着具体内容组织结构。在开展模型深度应用特别是模型集成

自定义的数据                                    GDAL中支持的栅格数据

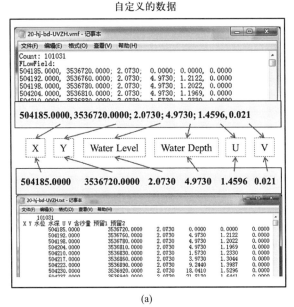

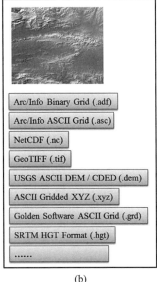

(a)                                                    (b)

图 2.8    自定义数据格式和领域通用数据格式示例（乐松山，2016）

时，通常也需要模型使用者了解模型数据内容结构，而模型数据的内容结构和模型开发者编程习惯密切相关。因此，地理模型数据通常具有内容结构极其灵活的特点，这是由模型开发中自定义数据格式和基于建模需求开发的领域通用数据格式共同决定的。在学科交叉与集成研究日益深入的今天，模型开发者更倾向于使用某些特定的数据组织方式对内容结构进行表达，部分列举如下：

（1）常用特定的分隔符来区别不同的数值

参与地理模型运行的各变量在进行数据组织时，要把具有不同意义的变量整理成文件，所以读取数据时通常使用分隔符对不同变量进行区分。图 2.9a 中 FDS 模型输入数据显示，可以用逗号作为分隔符，也可以用等号作为分隔符，其他还有空格、Tab 符等。

（2）数据头和数据体是常用的组织方法

尽管模型程序开发者能够随意地组织模型输入和输出数据，但是具体实现过程中通常是理性的；为了能更清楚地编写程序 IO 代码，对应模型数据组织时通常采取分块组织；使用数据头保存简单变量及属性信息，并以数据体保存大量重复性数据。图 2.9a 显示了数据头中存储的数值相对简单，数据体中的数据比较复杂且数据量较大。

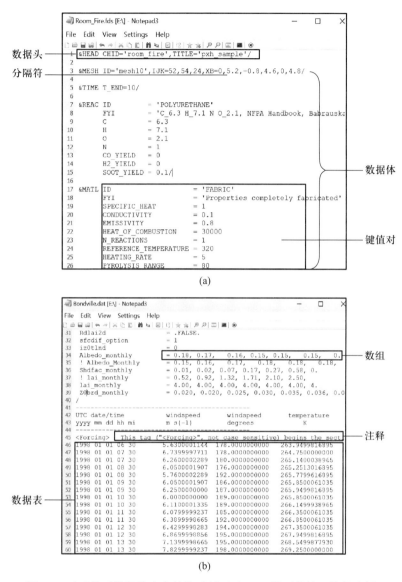

图 2.9 地理模型数据的内容结构示例:(a) FDS 模型的输入数据示例;
(b) Noah 模型的输入数据示例(乐松山,2016)

（3）数组、键值对和数据表是常用的数据结构

地理建模的过程中常涉及空间采样、时间切片、网格划分以及其他相关时空离散化运算,为了便于在计算机上进行快速解算,数组、键值对以及数据表对于表示这些具有相对重复模式的数据更为有效,所以通常被用于模型数据结构组织。例如,Noah 模型的输入数据在数据体中就按照表结构存储(图 2.9b)。

（4）数据内容中通常含有一些注释字符串

模型程序开发者为便于地理模型的实际运用，通常都要对所需数据添加一些注释语句，这不仅方便了自己调试，也方便了其他用户使用。这些注释语句通常并没有涉及模型程序读写逻辑的实际运算，只起到了辅助理解作用。图 2.9b 的输入数据中就包含这类信息。

3）模型数据的内蕴信息

地理模型数据在所呈现的数值与文本之外，背后隐藏着与模型机理、建模方法密切相关的语义内容信息。模型程序使用特定类型的变量对应输入和输出数据；一旦提供数据类型不能满足程序要求，该模型将不能正常工作。但是即使用户编写的数据与模型程序中变量类型要求、数据文件格式要求和数据内容组织结构要求完全吻合，模型也可能无法正常工作。例如，某个地理模型要求实数型"地表粗糙度"数据，从理论上看，模型使用者只需给出实数型值，模型便可执行计算。但对"地表粗糙度"这一概念各学科领域有不同的认识：一类是从空气动力学的角度，把风速廓线中风速等于零的地方距地表高度视为"地表粗糙度"；另一类从地形学角度考虑地表单元曲面面积和投影面积之比作为"地表粗糙度"。高度值和比例值从数值上看均属于实数型的，但是就模型计算本身来说，两者却会带来截然不同的结果。

此外，为了地理模型能够正确运行，对所提供的输入数据还有复杂的约束信息。以下几个案例中列举了一些典型的约束条件：

- 对于一个包含"起始时间""结束时间""时间步长"数据的模型输入而言，约束条件有："起始时间"应该小于"结束时间"，"时间步长"不能大于前两者之差等；
- 对于一个根据坡度阈值对地表进行二值化分割的模型，需要输入一个"自定义 TIN 数据"（包含 $XYZ$ 顶点位置信息的"顶点数组"和每三个顶点索引构成一个三角形的"索引数组"）来计算小于某个"坡度阈值"的区域，约束条件有："索引数组"需要是 3 的整数倍、"索引数组"中的值不能大于"顶点数组"的个数、"坡度阈值"需要在 0 到 90 之间等；
- 对于一个模拟室内火灾的模型，需要输入模拟的"房间边墙"数据、"窗户"数据、"着火点"数据，此时计算约束条件有："窗户"在"房间边墙"上，"着火点"在"房间边墙"构成的空间内，"房间边墙"和"窗户"的几何坐标都必须由两个顶点构成——左上角的顶点$(X_1,Y_1,Z_1)$和右下角的顶点$(X_2,Y_2,Z_2)$，而且必须左上角在前，右下角在后。

模型数据的约束信息受到模型的领域特征、实现方式、应用情景等多方面的影响,且这些约束条件大多隐藏在数据背后。如上所述,第一种约束条件属于常识性的约束条件,第二种约束条件属于领域知识性的约束条件,第三种约束条件属于拓扑正确的约束条件。此外还有各式各样的约束条件,如输入的 $n$ 个比例值之和必须等于 1,某个输入的数值必须在 0.0、0.5 和 1.0 中间选择,某个输入的向量必须是标准化后的向量,某个输入的几何面数据必须满足右手定则等。

因此,无论是数据本身的属性和概念特征,还是隐含在模型运行中的数据约束条件,地理模型数据都包含了复杂丰富的内蕴信息。

### 2.3.3 常见的模型数据描述方法

综上所述,地理模型的运行严格依赖于其所对应的数据规格,在跨学科跨领域地理模型的共享与集成中,如何将模型数据规格的信息传递给使用者是模型合理应用的重要环节。下面介绍一些用于模型数据描述的常用方法。

#### 1) 基于元数据的描述方法

元数据一般被看作"关于数据的数据"或"描述数据的数据"。使用元数据可以方便地查找数据、控制访问及使用权限、对数据格式和编码方式进行解释,并给出关联信息。不同领域面向自身实际需求,分别制定了相关的元数据标准规范,如 CDWA(Categories for the Description of Works of Art)用于对艺术品的分类编目、VRA Core(Visual Resources Association Core)用于艺术类可视化资源的描述、Dublin Core 用于网络资源的编目和发现、GILS(Government Information Locator Service)方便用户查找定位政府公用信息资源、EAD(Encoded Archival Description)是针对电子文本全文的编目标准、TEI(Text Encoding Initiative)是电子形式交换的文本编码标准。

在地理信息领域,元数据的内容除了对一般属性信息的描述之外,还要能够提供空间的相关信息。美国联邦地理数据委员会(Federal Geographic Data Committee, FGDC)发布了数字地球空间元数据内容标准(Content Standard for Digital Geospatial Metadata)。如图 2.10a 所示,该标准包含了数据标识信息、数据质量信息、空间数据组织信息、空间参考系统信息、实体与属性信息、发行信息、元数据参考信息、引用信息、时间周期信息和联系信息等。ISO/TC211 元数据标准由国际标准化组织研究制定,如图 2.10b 所示,该标准中将元数据的内容按照以下内容进行组织:实体集信息、标识信息、法律安全等约束信息、数据质量信息、维护信息、空间描述信息、参考系统信息、内容信息、描述目录信息、分发信息、元数据扩展信息、应用概要信息、范围信息及引用和责任方信息等。关于元数据标准和规范的研究不断在发展,我国在 2005 年发布了《地理信息元数据》

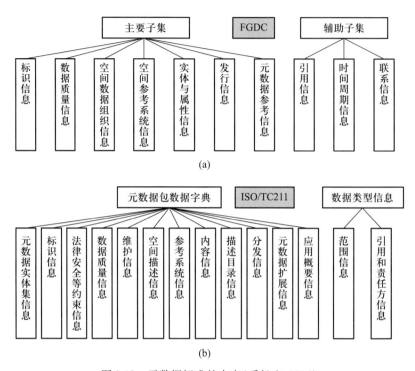

图 2.10    元数据标准的内容(乐松山, 2016)

(GB/T 19710—2005)国家标准,同时相关研究学者在不同的研究领域也制定了一系列的元数据规范,并基于这些元数据规范开发了相关数据管理系统。

虽然不同的元数据标准和规范在具体的内容组织方面具有各自的特点,但在对数据信息的描述方面仍然注重于数据本身,强调数据的生产和数据的格式编码信息;将这些元数据标准和规范应用于地理模型的共享与集成时,其发挥的作用主要还是在数据管理与查询方面。由于元数据本身并没有与地理模型的需求关联起来,现有的元数据标准和规范尚不能直接应用于描述地理模型的数据。

2) 面向地理处理服务的数据描述方法

在地理信息处理服务相关的研究中,并没有直接采用元数据标准来描述想关服务中的数据信息。最为典型和常用的 WPS(Web Processing Service)规范是 OGC 继 WFS(Web Feature Service)、WMS(Web Mapping Service)、WCS(Web Coverage Service)之后推出的关于地理处理网络服务的规范。在此规范中,处理模型被当作一个个"GeoProcessing"来管理。WPS 定义了三个基本操作(operation):GetCapability、DescribeProcess 和 Excute(此外还有 GetResult 和 GetStatus 操作来适应于异步的服务调用执行)。在 DescribeProcess 操作中,包含了模型的服务名称、概要信息、唯一编码、数据输入输出等描述信息;其中模型数据的信息使用 DataInput 和 DataOutput 两个节点描述。DataInput 和 DataOutput 中包含了唯一编码(Identifier)、概要信息(Abstract)、数据名称(Title)和数据类型(DataType)信息。唯一编码、概要信息和数据名称都是一个字符串,数据类型主要是对模型输入输出数据的描述。DataType 主要包含三类:LiteralData、ComplexData 和 BoundingBoxData。

- LiteralData 是指简单类型的数据,主要从 W3C XML Schema Standard 中的基本类型中选择(如 double、float、integer、string 等)。同时 WPS 规范还允许制定简单类型数据的单位 UOM(unit of measure)、缺省值 Default 和可用数据 AllowedValues。图 2.11 给出了 LiteralData 的典型示例。

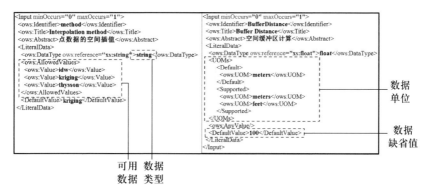

图 2.11    WPS 的 LiteralData 对数据的描述(乐松山,2016)

- ComplexData 则是指复杂的数据类型,主要实现方式是通过引入一个特定的数据格式,并且给出该数据格式的编码形式 MimeType(如 text/xml)、字符编码 Encoding(如 utf-8)和格式说明文档 Schema(如 OGC Simple Feature 规范)。图 2.12 给出了 ComplexData 的典型示例。其中,对于空间数据格式,如点、线、面等,主要采用 GML 的相关描述。

图 2.12    WPS 中 ComplexData 对数据的描述(乐松山,2016)

- BoundingBoxData 主要用来指明空间数据的空间参考信息,需要说明数据的坐标参考系(coordinate reference system,CRS),一般用 EPSG 空间参考编码来指定(如 EPSG:4326 表示空间参考为 WGS_1984 经纬度坐标系),也可以用 URL 的方式来引入一个资源文档说明空间参考信息。图 2.13 给出了 BoundingBoxData 的典型示例。

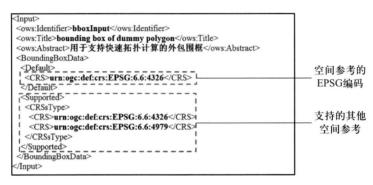

图 2.13　WPS 中 BoundingBoxData 对数据的描述(乐松山,2016)

根据 WPS 规范所提供的 DataType 信息可以获取与地理处理运行相关的数据类型、数据格式、空间参考、单位、取值范围等信息;相较于元数据标准,这种方式更为简洁明了,能够将数据的内容与地理处理的计算需求直接联系起来。然而,地理处理主要是针对地理信息领域的分析方法,并不能完全适应于地理模型;地理处理的数据交互相对较为简单,与简单计算类型的地理模型类似,但不完全适用于时间推进和状态模拟这两种具有较多数据交互的模型。而且,将复杂的数据类型用 ComplexData 中的 Schema 文档来表达还是不能将模型在数据内容层面的需求暴露出来,GML 也无法涵盖地理模型中用户自定义的数据格式。

3) 面向集成建模研究的数据描述方法

在意识到 WPS 应用于异构地理模型存在的问题后,OGC 进一步开展了地理处理工作流(GeoProcessing Workflow)、地理决策支持(Geo-Decision Support)等研究,近期又将地理集成建模领域的 OpenMI 框架引入标准体系中。OpenMI 的设计理念是提供一种组件式开发模型的接口标准,规定了模型运行时各模型之间交换数据应遵循的规范。在 OpenMI 中,模型数据的描述并没有采用某一种元数据规范,也没有利用 WPS 中的 DataType 方法,而是直接面向模型的计算和模型集成时的数据交换。IValueDefinition 是 OpenMI 中对数据进行表达的主要接口,用来定义集成建模中所有涉及的数据(图 2.14)。从 IValueDefinition 接口出发可以梳理在 OpenMI 中对模型数据的处理途径。

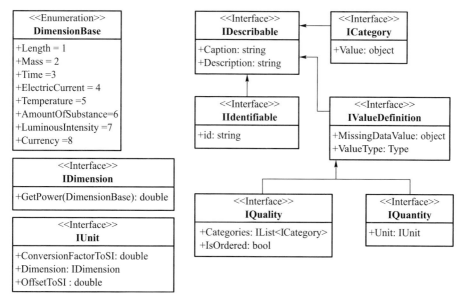

图 2.14 OpenMI 的数据接口（据 OpenMI 标准）

IValueDefinition 接口继承于 IDescribable 接口，在 IDescribable 接口中定义了字符串型的数据名称（Caption）和字符串型的数据描述（Description）；在 IValueDefinition 接口中还包含有默认值（MissingDataValue）和数据类型（ValueType），ValueType 可以是简单的数值类型（如 double、float、integer、string 等），也可以是一个自定义的类。

为了更好地描述模型数据，OpenMI 还定义了量纲 IDimension 接口和单位 IUnit 接口。IDimension 接口主要是对 8 种基本量纲（DimensionBase）的组合操作；IUnit 接口中会关联一个 IDimension 类型的量纲值，还包含两个关于单位转换的基本操作。此外，对于非定量的数据，OpenMI 定义了 ICategory 接口来描述变量的状态（如用"Hot"和"Cold"表示温度，用"Sand""Clay"和"Peat"表示土壤类型等）。

基于此，OpenMI 对于模型数据的表达主要通过两种类型：IQuality 和 IQuantity。IQuality 接口表达的是定性的数据，主要包含了 ICategory 来表示所对应的非量化数据；IQuantity 接口表达的是定量的数据，主要包含了 IUnit 来确定该变量的单位信息。

OpenMI 作为被 OGC 认可并推广的地理模型集成标准，对模型数据的描述是直接面向模型集成计算的，侧重于数据在程序执行层面与模型需求的匹配。如前文所述，地理模型的正确运行并不仅仅依赖于数据类型和文件格式的匹配，模型对数据内蕴的语义相关信息同样规定了限制条件。而 OpenMI 在数据的语义信息描述方面，仅通过简单的字符串描述，其描述能力显得较为不足。

4）面向环境描述与表达的数据描述方法

虚拟地理环境仿真模拟领域研究涉及了多个模拟子过程及综合自然环境要素，特别是在战场环境仿真研究中，各类大气、地形、海洋和其他环境因素均需参与到仿真建模过程中，如典型的 SEDRIS 综合环境数据表达与交换规范中就包含了对综合战场环境仿真中的各种环境数据的表达方法。SEDRIS 通过环境数据表示模型（DRM）对环境数据进行清晰、完整的抽象描述，提供了一种领域通用的、系统的方法来表示数据的语法和结构语义以及数据对象之间的关系；通过环境数据编码规范（EDCS）来完成对环境数据对象类型、属性及状态的识别，提供了环境对象分类方法；利用空间参考模型（SRM）精确地描述了不同地球参考模型及坐标系统，为系统中各模型的局部及全局位置信息提供了统一的精确定位方法；利用数据传输格式（STF）定义了一种便于环境数据存储和传输的中间格式，为子系统间的数据交换提供了高效的数据共享和重用机制，实现了跨子系统、跨平台的数据交换。

SEDRIS 规范中对数据的描述主要是围绕 DRM 展开的。DRM 的核心是类，类之间通过继承（Inheritance）、聚合（Aggregation）和关联（Association）三种关系组织起来，形成层次化网状结构。组织容器类（Transmittal Root）是总体管理者，其包含了一个元数据类（Metadata Object），主要负责储存数据内容的说明性文档。在组织容器类之下就是具体的环境数据内容（Environment Root），其中包含了一系列的数据要素类（Primitive）以及空间范围（Spatial Extent），并且每个元素类都可以拥有相应的"Classification Data"来指明其语义信息。因此，可以通过要素之间的层次组合来进行数据内容的描述。

在 SEDRIS 规范中，语义信息是通过 EDCS 来统一管理的，所以一个要素的 Classification Data 会用 EDCS 中对应的编码来实现。环境数据编码的目的就是要清楚明确地定义环境数据的语义，并将分类、属性描述、枚举等功能从数据表示模型的语法中分离出来，为环境数据的描述和表示提供统一标准的编码方案。EDCS 标准主要包括分类编码、属性编码、枚举编码、单位编码和分组编码。通过这些编码能够将每个要素与各种语义信息相关联（主要通过 Classification Data 和 Property Value 来实现关联）。

以环境数据编码为基础，以语义信息关联为手段，从方法上能有效地对地理模型数据进行语义描述。以 SEDRIS 规范为基础，能够以结构化方式描述数据内容及其逻辑组织，并能灵活地扩展数据内容的各个元素；通过节点间的自由结合，从理论上讲能够实现对任何数据内容进行表示。但是当 SEDRIS 用于地理模型共享及集成时，这种由组织容器类—环境数据类—要素类构成的数据组织模式比 WPS 和 OpenMI 等技术又显得太复杂和烦琐。而地理模型的共享和集成涉及了大量跨学科跨领域的理念和知识,EDCS 在这一层面上的兼容性仍显不足。此外,地理模型在数据内容上的约束性信息虽能在 EDCS 上反映出来,但是如数据取值范围、数据单位量纲等却不能很好地体现。

5) 面向模型数据异构性的通用数据描述方法

不同地理分析模型因其研究对象及建模方法多样性而对数据有不同的需求。由于建模主体和研究者名称的多样性(如固定格式数据、灵活纯文本描述等),模型数据的格式和内容也呈现多种多样的特征。考虑到地理分析模型通常通过编程语言来开发实现,所有的模型数据都被转换为所使用编程语言的变量。利用一系列基本变量类型以及这些变量类型的组合,Yue 等(2015)提出了一种灵活的数据描述模型(Universal Data Exchange Model,UDX),以降低模型数据的异质性。该模型数据描述方式以地理模型运行需求为导向,在不"孤立"描述某一个数据个体前提下,实现了面向地理模型运行的数据结构化描述。

与数据转换领域的其他中间数据格式相比,UDX 模型并非是一种数据格式,而是一套自解释、结构化的模型数据描述方法。UDX 模型主要由两部分组成,分别为 UDX Data 和 UDX Schema。UDX Data 旨在使用 UDX 模型对原始模型数据进行描述。UDX Schema 能够提供模型数据内容的详尽描述信息,该信息应与相应的 UDX Data 保持高度一致。

UDX Schema 独立于任何特定的模型数据,专注于对模型数据的完整和明确描述,可以减少数据准备方面的混乱和难度。为了帮助模型提供者以更结构化的方式描述模型数据,并帮助模型用户更好地理解模型(以便更容易地准备模型数据),UDX 还提供了四个资源库(图 2.15):空间参考资源库、单位量纲资源库、概念语义资源库和数据表达模板资源库。

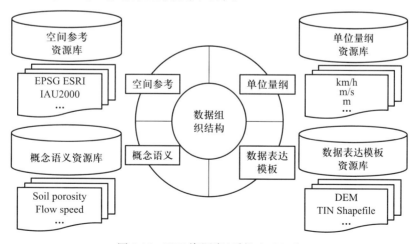

图 2.15   UDX 资源库(乐松山,2016)

# 2.4    地理分析模型行为描述

## 2.4.1    模型使用需求分析

1) 基于单模型的地理模拟需求

在模拟地理现象与过程时,地理分析模型大多是用来针对某一地理问题进行模拟。目前针对具体问题进行地理模拟已有许多比较成熟的地理分析模型,例如,计算流域水流量的 SWAT 模型,计算城市内涝的 SWMM 模型以及计算海洋潮波的 FVCOM 模型等。在针对不同时空区域开展研究时,因为空间异质性的存在,地理学研究者往往会通过调整已有模型的参数来满足新时空区域的应用需求。在完成参数调节之后,研究者将有关数据导入模型并实现针对该项研究的模拟。因此,在以单一地理分析模型为基础进行地理模拟时,对地理分析模型中数据交互的分析和应用程度就是模型应用的关键。

地理分析模型数据有两种交互类型:一种是数据交互,另一种是参数交互。所谓数据交互就是地理分析模型在面对不同地理问题时所需输入的有关时空数据,而参数交互则是为解决这一地理问题而对研究地区需进行的系数调整。通常情况下,数据交互为每次模拟所必需的,而参数通常有默认值,且在不同模拟中可以调整。例如,SWAT 模型一些输入/输出数据和参数见表 2.2。在针对不

表 2.2    SWAT 模型部分输入/输出数据与参数

| 名称 | 说明 |
| --- | --- |
| 数字高程 | 输入数据 |
| 土地利用 | 输入数据 |
| 土壤类型 | 输入数据 |
| 气象 | 输入数据 |
| 径流流量 | 输出数据 |
| 泥沙量 | 输出数据 |
| 总氮 | 输出数据 |
| 总磷 | 输出数据 |
| 铵根 | 输出数据 |
| 硝酸根 | 输出数据 |
| 径流相关参数 | 主要包括土壤蒸发参数、湿度参数、平均坡长参数等 |
| 泥沙相关参数 | 主要包括 USLE 参数、计算最大数量线性参数、泥沙夹带参数等 |
| 营养物质相关参数 | 主要包括降雨氮浓度参数、生物混合效率参数、氮渗透参数等 |

同问题进行模拟时,数字高程、土地利用、土壤类型等数据为输入数据,径流流量、泥沙量、总氮等数据为输出数据,而参数包括径流相关参数、泥沙参数、营养物参数等。

因此,基于单一模型的地理模拟需要对地理分析模型的各项输入/输出数据及相关参数进行梳理,同时也需要明确地理分析模型对外暴露的数据及参数说明和调用方法,以方便用户在地理模拟中的理解和应用。

2)面向复杂问题多模型流程式模拟需求

在面向复杂地理问题的地理模拟中,利用多个地理分析模型进行流程式计算是地理模拟的常用手段。以复杂问题为导向时,多模型流程式模拟不仅要以单模型为研究对象进行输入与输出梳理,还要归纳总结模型间的执行逻辑关系。这通常需要根据地理分析模型中所隐含的算法和机制,经过不同步骤的循环计算、迭代等来获得对应的结果。地理流程式模拟运算的行为,会因为地理分析模型面对具体问题的开发风格差异而不同。本节以乐松山(2016)所提出的四种常用执行流程为基础,归纳出地理模拟流程式中常用的执行风格,其中包括单模型计算、单模型迭代计算、多模型集成计算、多模型迭代集成计算等(图 2.16)。

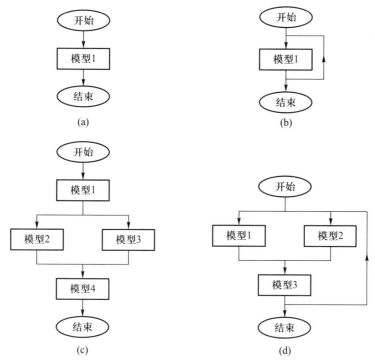

图 2.16　常见地理模拟执行流程:(a)单模型计算;(b)单模型迭代计算;
(c)多模型集成计算;(d)多模型迭代集成计算(张丰源,2021)

单模型计算是指模型只面向单一地理过程,利用面向过程的公式、算法进行计算并得出结果。在模拟中的计算模型往往有一个或多个输入和输出,一般不产生中间数据。

单模型迭代计算与单模型计算类似,也是只面向单一地理过程的计算。区别在于,单模型迭代计算的输出数据和输入数据格式相同、形式类似,且输出数据可以再次作为输入数据输入。同时,模型还需要进行迭代判断,以决定在某次计算结束后是否继续,而此类条件往往由数据或者事先预设的迭代次数决定。

多模型集成计算,是面向综合地理过程所进行的模拟,因此涉及多个地理过程的耦合,需要多个地理分析模型的联合分析。多模型集成计算中的模块之间通常存在依赖关系,某一模型的运算往往需要另一模型的结果,因此常常涉及模块之间的数据耦合。同时,因为有多个模型的运算,往往会产生中间数据。

多模型迭代集成计算,通常需要以多模型集成计算为基础。而与常规多模型集成计算不同的是,此类计算中会有一个或多个模型需要基于上一步的结果进行下一步运算。其中,模型可以分为两类:一类是迭代模型,参与模拟中主要迭代运算;另一类是非迭代模型,通过单次计算得出结果参与运算,该类模型往往是整个模拟中的前处理或后处理模型。

因此,面向复杂问题多模型流程式模拟需要针对上述地理分析模型的执行逻辑进行梳理,不仅要支撑多模型执行流程的计算运行,而且需要合理应对地理模拟分析中迭代运算、数据交互、条件判断等逻辑要求。

### 2.4.2    常见的模型行为描述方法

针对地理分析模型的使用,地理学及相关学科研究人员提出了面向模型使用的标准及规范。通过制定模型行为标准,如设定和读取输入/输出、控制模型步骤等,统一模型运行行为,从而帮助用户共享并重用地理分析模型。下面列举一些常见的模型行为描述方法。

1) OpenMI

开放模型接口(Open Model Interface,OpenMI)是一个起源于水文领域的建模标准,其通过定制的标准接口集,对模型数据交换方法进行标准化封装,从而达到统一模型行为的目的(Gregersen et al.,2007)。

数据交换是模型行为的重要组成部分,OpenMI通过定义数据交换方式来规范模型行为。模型可以被视为提供数据和/或接收数据的实体。大多数模型通过读取输入文件来接收数据,并通过写入输出文件来提供数据。然而,OpenMI的方法是在运行时直接访问模型进行数据交换,而不是使用文件作为数据交换媒介。为了实现这一点,需要将模型模块包装为组件形式,并且 OpenMI 定义了相应的数据交换标准接口,以实现对模型组件内数据的访问。因此,在使用 OpenMI 进行多模型数据交换之前,需要依据 OpenMI 的标准接口对模型进行封装从而定制相应的模型组件。

此外,OpenMI 定义了可以支持模型组件连接的数据交换机制——"请求与响应"机制,以实现模型组件间的数据交换。具体而言,OpenMI 是一个纯粹的单线程架构,其中可链接组件(参与集成的模型组件)的实例一次只处理一个数据请求。原则上,OpenMI 体系结构中的数据交换是通过在组件链末端反复调用组件上的状态更新方法来进行请求的,而在更新过程中,组件获得计算结果后可以进行请求响应以实现交换数据。如有必要,组件也会自主启动它们自己的计算过程以产生所请求数据。

2) BMI

基本模型接口(Basic Model Interface,BMI)是由美国科罗拉多大学 CSDMS 组织定制的面向模型使用的模型接口标准,被广泛用于地表过程模拟(Peckham et al.,2013)。

CSDMS 通过接口函数对模型行为进行描述,并对它们的名称、参数和返回值进行完整定义。其第一级接口即为基本模型接口 BMI,是模型贡献者唯一需要实现的接口。BMI 的目的是提供模型元数据,使模型能够"适配"CSDMS 组件模型接口(Component Model Interface,CMI)的第二级包装器。按照设计,BMI 仅使用简单的数据类型,并且易于在 CSDMS 支持的所有语言中实现。它同时提供了在 CMI 级别上进行即插即用建模所需的所有信息。因此,CSDMS 能够轻松地将支持 BMI 的模型引入任何建模框架。

表 2.3 总结了 BMI 的关键接口函数。BMI.initialize() 可以从配置文件中读取数据、初始化变量、打开输出文件,并将数据存储在非面向对象语言的"句柄"中。BMI.update() 能够将状态变量向前推进一个时间步长,如果它们不随时间变化,则不执行任何操作。BMI.finalize() 可以释放资源并关闭文件。而包含"get_"和"set_"的函数可以允许 CMI 包装器从模型中检索数据并将数据加载到模型中。

表 2.3 BMI 关键接口函数

| 接口函数定义 | 描述信息 |
| --- | --- |
| opaque initialize (string config_file) | 返回一个"句柄"。初始化变量,打开文件等 |
| void update (double dt) | 将状态变量提前一个时间步(如果 dt =-1,则为模型本身) |

续表

| 接口函数定义 | 描述信息 |
|---|---|
| void finalize ( ) | 释放资源、关闭文件、报告等 |
| void run_model ( string config_file ) | 执行一个完整的模型运行（没有调用 CMI） |
| get_input_var_names ( ) | 返回模型的输入变量列表 |
| get_output_var_names ( ) | 返回模型的输出变量列表 |
| string get_attribute ( string att_name ) | 返回静态模型属性，例如，mesh_type（uniform、ugrid…），time_step_type（fixed、adaptive…），time_units、model_name、author_name、version 等 |
| string get_var_type ( string long_var_name ) | 返回变量类型，例如：uint8、int16、int32、float32、float64 |
| string get_var_units ( string long_var_name ) | 返回变量的单位，例如"米"（Unidata UDUNITS 标准） |
| int get_var_rank ( string long_var_name ) | 返回变量的维数 |
| string get_var_name ( string long_var_name ) | 返回模型的内部短变量名 |
| double get_time_step ( ) | 返回模型的当前时间步长 |
| string get_time_units ( ) | 返回模型的时间单位，例如，秒、年 |
| double get_start_time ( ) | 返回模型开始时间 |
| double get_current_time ( ) | 返回模型当前时间 |
| double get_end_time ( ) | 返回模型结束时间 |
| double get_0d_double ( string long_var_name ) | 返回一个 double 类型的标量 |
| get_1d_double ( string long_var_name ) | 返回一个 double 类型的一维数组 |
| get_2d_double ( string long_var_name ) | 返回一个 double 类型的二维数组 |
| get_2d_double_at_indices ( string long_var_name, indices ) | 返回二维数组中指定下标的一维数组 |
| void set_0d_double ( string long_var_name, double scalar ) | 设置一个 double 类型的标量 |
| void set_1d_double ( string long_var_name, array ) | 设置一个 double 类型的一维数组 |
| void set_2d_double ( string long_var_name, array ) | 设置一个 double 类型的二维数组 |
| void set_2d_double_at_indices ( string long_var_name, indices, values ) | 设置 double 类型二维数组指定下标处的值 |

3）OGC WPS

开放地理空间信息联盟（Open Geospatial Consortium，OGC）提出的网络处理服务（Web Processing Service，WPS）可用于描述网络处理服务的行为，它是国际开放地理联盟标准中关于网络处理服务的标准（Open Geospatial Consortium，2007）。WPS 的接口类继承自 OGC 的 Web 服务接口（GetCapabilities），并新增加了 DescribeProcess 和 Execute 两种接口，因此 WPS 可以实现 GetCapabilities、DescribeProcess 和 Execute 这三种主要操作（图 2.17）。WPS 将服务元信息描述、计算资源元信息描述、计算服务的执行分别以上述三个标准接口的形式提供，具有强大的灵活性和扩展性，地理分析模型服务的行为也可依据这些接口进行抽象。

（1）GetCapabilities

该接口用于请求和接收服务器当前所支持内容的服务元数据信息，其中包含当前 WPS 版本号以及所有地理模型的概略描述信息等。

（2）DescribeProcess

该接口用于请求和接收服务器支持的服务实例详细信息，用户输入指定地理模型的唯一标识，返回内容包括详细的描述、数据输入要求、结果输出和格式支持等。

（3）Execute

该接口用于请求运行一个指定的处理过程，需要客户端提供数据输入，模型执行在服务器端完成，最终返回执行结果。

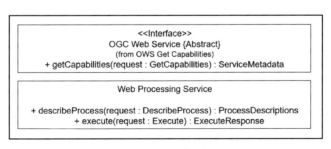

图 2.17　WPS 接口概述

4）OpenGMS SM-ER

状态-事件响应（SM-ER）模型是 OpenGMS 团队提出的以模型共享为导向的模型行为描述方法（Yue et al.，2016）。地理分析模型的运行通常涉及许多"中间计算步骤",这些步骤通常要求提供中间计算结果,或要求模型用户提供输入数据以继续运行(图 2.18a)。在 SM-ER 模型中,地理分析模型的执行过程被抽象为状态,输入/输出数据处理消息被抽象为事件。模型运行和模型用户之间的交互被描述为请求和响应。

SM-ER 模型如图 2.18b 所示。ModelBehavior 对象描述了模型的行为特征,包括 ModelState 和 ModelTransition。ModelState 描述了 ModelTransition 的初始状态(上一个运行步骤)、目标状态(下一个运行步骤)和条件(指示是否可以继续运行)。每个 ModelState 都有唯一的名称,同时它还会与 ModelEvent 关联,用于在模型运行期间提供数据处理信息。ModelEvent 包括 RequestData(用于描述输入数据)和 ResponseData(用于描述输出数据)的名称和编号。如果 ModelEvent 包含 RequestData,则模型会要求用户输入数据。此外,如果 ModelEvent 也包含 ResponseData,则模型也会输出数据。

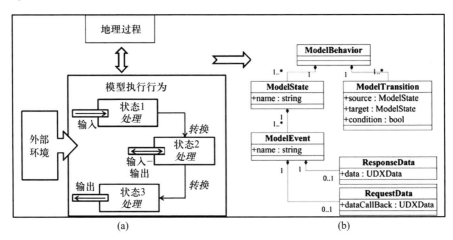

图 2.18　SM-ER 模型的基本设计

5) 模型行为描述方法小结

上述四种模型行为描述方法可以分为两类:面向接口的模型行为描述方法和面向对象的模型行为描述方法。面向接口的模型行为描述方法包括 OpenMI、BM、OGC WPS。面向对象的模型行为描述方法主要是 SM-ER 模型。

面向接口的模型行为描述方法在描述模型行为时灵活度强,用户可以直接通过实现标准化接口来定制任意模型行为,但是需要漫长的学习过程以了解特定方法的体系结构和使用方式,并且对用户的编程水平要求较高。面向对象的模型行为描述方法的原理与实现方法简单,仅需要使用规范化语言对模型输入、输出和参数进行描述,不需要学习复杂的编程语言和接口规范,可以支持对模型行为进行快速抽象。

# 2.5 地理分析模型运行环境描述

## 2.5.1 模型运行环境描述需求

地理分析模型的计算运行需要计算机软硬件环境提供支撑,主要包含两方面的需求:硬件需求与软件需求。

硬件需求主要是指能够满足模型运行的计算机硬件情况,如计算机处理器性能、运行内存大小、硬盘剩余空间大小等。计算机硬件决定了模型是否能顺利运行,关系到模型运行时长等问题,比如有些模型运算量很大,就要求处理器性能更好、内存更大的计算机;由于地理数据中往往含有大量信息且占用空间较多,有些模型在需要大数据量数据输入时还会输出大量数据,因此对硬盘剩余空间也有一定需求。

软件需求主要指模型运行时对于软件环境的需求,如语言环境(如 Python 环境、Java 环境)和程序依赖库等。

地理模型能否成功运行与其是否适配实际运行环境息息相关。随着网络技术的快速发展,大量分布、自治、异构的计算资源(如个人计算机、小型服务器、云服务器等)也在不断更新与扩展,其都能为地理模型的运行提供相应的基础资源支撑。计算资源不仅是开放式地理建模机制建设中的最底层资源,更是地理模型在线运行的基石。异构多样的计算资源散布于网络空间之下,且不同机器节点连接方式各不相同,分布式网络环境下表现也不同。要想使这些计算资源得到充分利用,必须先构造出标准化描述方法来支撑地理分析模型与计算资源的按需适配以及异构计算资源的一致性使用(王明,2020)。

## 2.5.2 模型运行环境描述内容分析

从计算机的视角来看,地理模型实际上是带有特定参数及运行平台要求的可执行程序。它的部署和运行还需考虑到程序运行环境、依赖关系及用户权限。通过分析总结大部分地理模型部署运行过程,地理模型运行环境信息可概括为计算机信息、软件信息和模型信息(图 2.19)。

计算机信息主要是对模型运行所需硬件环境信息进行的描述。地理模型的运行一般情况下都要求具备必要的硬件条件,如操作内存大小、磁盘存储空间大小、不同性能的 CPU/GPU 等。有些地理模型采用多线程并行计算技术来完成部分地理运算,因此要求它们所部署的计算资源上必须具有多核 CPU;一部分模

图 2.19    模型部署相关描述信息（王明, 2020）

型还可能会使用 GPU 来处理运算过程, 这就需要计算资源有合适的显卡。因此, 在部署地理模型之前, 必须基于这些硬件环境描述来寻找适当的计算资源。

软件信息主要是对模型所需软件环境信息进行的描述。地理模型的异构性较强, 它通常依赖于开发人员的个人偏好与习惯。例如, 有些地理模型开发者也许只用一个独立的文档保存模型输出的结果, 另一些开发者则可能使用多个文档整理模型输出的结果; 有些开发者习惯于在 Linux 平台上运行模型, 而有些开发者可能偏向基于 Windows 或 macOS 操作系统进行开发。因此, 在模型开发时可能涉及多种开发环境与技术, 如不同操作系统、程序编译环境及开源或商业软件的开发 SDK 等, 模型的顺利运行与这些软件依赖密不可分。

模型信息主要是对模型运行依赖信息的描述, 其本质上揭示了地理模型的一些开发细节。随着计算机软件技术飞速发展, 为减少重复编程工作、提高程序可用性而产生了一系列方法(如组件对象模型及插件开发的体系架构)。同样, 在开发地理模型时必然要沿用这些现有技术。为此, 地理模型除了需要其核心的可执行程序外, 还可能需要一些相关的外部动态链接库(Dynamic Link Library, DLL)来辅助模型调用, 以及需要一些内部数据来支撑模型运行(如模型配置文件和定制化的数据库文件等)。

本节以天气研究与预报模型(Weather Research and Forecasting, WRF)的 3.6.1 版本为例, 分析了其在操作系统为 Ubuntu 14.04 下需要的软硬件环境以及依赖项, 如表 2.4 所示。其中, 硬件环境为在本机测试下的环境, WRF 一般需要 1 GB 以上的内存, 以及 10 GB 以上的硬盘存储空间等; 软件环境主要包括: GCC 编译器、G++、GFortran、Perl、NCL 等, WRF 对软件的版本也有着明确的要求; 依赖项主要包括 zlib、hdf5、libpng、netcdf 以及 jasper 等, 这些都为 WRF 模型的相关功能提供了支撑。

表 2.4　WRF 模型运行环境需求信息

| 硬件环境 | 软件环境 | 运行依赖项 |
| --- | --- | --- |
| 硬盘存储空间：10 GB<br>CPU 类型：Intel® Core™ I7-7500U CPU @ 2.70GHz<br>CPU 核心数：2<br>CPU 频率：2700 MHz<br>内存容量：1 GB | GCC-C++：GCC 扩展，C++ 编译<br>版本：4.4.1<br>GCC：C 语言编辑器<br>版本：4.4.1<br>GFortran：Fortran 语言编译器<br>版本：4.4.1<br>Perl：实用报表提取语言<br>版本：5.8.3<br>NCL：NCAR 命令行语言<br>版本：6.3.0 | zlib：通用压缩库<br>版本：1.2.11<br>hdf5：高性能数据管理与存储库<br>版本：1.8.13<br>libpng：png 依赖库<br>版本：1.6.26<br>netcdf：网络通用数据格式库<br>版本：4.1.2<br>jasper：JPEG-2000 图像处理库<br>版本：1.900.1 |

### 2.5.3　常见的模型运行环境描述方法

在软件开发领域,对软件运行环境进行统一规范描述并用于指导软件部署的描述语言种类繁多,下文列举了一些常见且能用于模型运行环境描述的方法。

1) DSD

可部署软件说明(Deployable Software Description,DSD)用于可部署软件描述,是可扩展标记语言(extensive markup language,XML)(Bray,1996)的一个应用。DSD 是一个词汇表,用于描述软件系统及其复杂的内外部依赖关系,以及与软件使用者的关系。它使自动化部署软件成为可能。

DSD 的创建是为了满足描述 Hall(1998)讨论的用于自动化部署软件的系统。简而言之,软件系统描述首先指出:必须有一个隐含的站点模型,该模型描述了目标部署站点的属性、约束和资源,这是因为在没有站点信息的情况下,不可能完全部署软件系统;其次,软件系统描述本身必须包含特定软件系统的属性(Property)、断言(Assertion)、依赖(Dependency)、构件(Artifact)和专门活动(Activity)等信息(图 2.20)。

2) OSD

开放服务架构(Open Software Description,OSD)是 W3 联盟提出的标准,由微软公司和 Marimba 公司共同创建。OSD 为软件提供了一个词汇表,描述了软

```
<!ELEMENT Family (Id, ExternalProperties, Properties, Composition,
    Assertions, Dependencies, Artifacts, Notifications, Interfaces,
    Services, Activities)>
<!ELEMENT VarType EMPTY>
<!ATTLIST VarType Value (string | boolean | double) #REQUIRED>
<!ELEMENT Id (Name, Description, Producer, (License)?, Logo,
    Signature)>
<!ELEMENT ExternalProperties (ExternalProperty)*>
<!ELEMENT ExternalProperty (Name, VarType, Description, Value)>
<!ELEMENT Properties (Property)*>
<!ELEMENT Property (Name, VarType, Description, DefaultValue,
    DefaultEnabled, DefaultDisabled, TopLevel, Values)>
<!ELEMENT Composition (CompositionRule)*>
<!ELEMENT CompositionRule (Condition, ControlProperty, Relation,
    RuleProperties)>
<!ELEMENT Relation EMPTY>
<!ATTLIST Relation Value (anyof | oneof | excludes | includes)
    #REQUIRED>
<!ELEMENT Assertions (Guard, (Assertions | Assertion)*)>
<!ELEMENT Assertion (Guard, Condition, Description)>
<!ELEMENT Dependencies (Guard, (Dependencies | Dependency)*)>
<!ELEMENT Dependency (Guard, Condition, Description, Resolution,
    Constraints)>
<!ELEMENT Artifacts (Guard, (Artifacts | Artifact)*)>
<!ELEMENT Artifact (Guard, Signature, ArtifactType, SourceName,
    Source, DestinationName, Destination, EntryPoint, Mutable,
    Permission, DiskFootPrint)>
<!ELEMENT Notifications (Guard, (Notifications | Notification)*)>
<!ELEMENT Notification (Guard, Name, Description)>
<!ELEMENT Interfaces (Guard, (Interfaces | Interface)*)>
<!ELEMENT Interface (Guard, Name, Description)>
<!ELEMENT Services (Guard, (Services | Service)*)>
<!ELEMENT Service (Guard, Name, Description)>
<!ELEMENT Activities (Guard, (Activities | Activity)*)>
<!ELEMENT Activity (Guard, Name, Action, When, Description)>
```

图 2.20    DSD 框架的主要 XML 文档节点

件组件、版本、底层结构以及组件之间的关系。OSD 是微软零管理(Zero Administration Initiative)的一部分,与微软用于"推送"内容的频道定义格式(channel definition format,CDF)(Ellerma,1997)有关。这两种标准结合在一起可以为"推送"技术服务,使软件系统能够自动安装和更新。OSD 和 CDF 的语法都是基于可扩展标记语言 XML。

OSD 语法是分层组织的,只有很少的关键字(表 2.5)。OSD 的一个示例如图 2.21 所示。

表 2.5    OSD 的主要语法元素

| 元素名称 | 描述信息 | 父元素 |
|---|---|---|
| SOFTPKG | 定义了一个通用的软件包 | — |
| IMPLEMENTATION | 描述了软件包的实现 | SOFTPKG |
| DEPENDENCY | 对其他软件包或包组件的依赖 | SOFTPKG IMPLEMENTATION |

| 元素名称 | 描述信息 | 父元素 |
|---|---|---|
| TITLE | SOFTPKG 的子元素,表示(SOFTPKG 所定义)软件包的名称 | SOFTPKG |
| ABSTRACT | 软件包性质和目的的简短描述 | SOFTPKG |
| LICENSE | 许可协议或版权的地址 | SOFTPKG |
| CODEBASE | 软件的存储位置 | IMPLEMENTATION |
| OS | 所需的操作系统 | IMPLEMENTATION |
| PROCESSOR | 所需的中央处理单元 | IMPLEMENTATION |
| LANGUAGE | 软件用户界面中所需的自然语言 | IMPLEMENTATION |
| VM | 所需的虚拟机 | IMPLEMENTATION |
| MEMSIZE | 所需的运行时内存 | IMPLEMENTATION |
| DISKSIZE | 所需的磁盘空间 | IMPLEMENTATION |
| IMPLTYPE | 软件的类型 | IMPLEMENTATION |
| OSVERSION | 所需的操作系统版本 | IMPLEMENTATION |

```
<SOFTPKG NAME="com.foobar.www.Solitaire"
    VERSION="1,0,0,0">
    <TITLE>Solitaire</TITLE>
    <ABSTRACT>Solitaire by FooBar Corporation</ABSTRACT>
    <LICENSE HREF=
        "http://www.foobar.com/solitaire/license.html"/>
    <!--FooBar Solitaire is implemented in native code
        for Win32, Java code for other platforms -->

    <IMPLEMENTATION>
        <OS VALUE="WinNT">
            <OSVERSION VALUE="4,0,0,0"/></OS>
        <OS VALUE="Win95">
        <PROCESSOR VALUE="x86"/>
        <LANGUAGE VALUE="en"/>
        <CODEBASE HREF=
            "http://www.foobar.org/solitaire.cab"/>
    </IMPLEMENTATION>

    <IMPLEMENTATION>
        <IMPLTYPE VALUE="Java"/>
        <CODEBASE HREF=
            "http://www.foobar.org/solitaire.jar"/>
        <!-- The Java implementation needs the
            DeckOfCards object -->
        <DEPENDENCY>
            <CODEBASE HREF=
                "http://www.foobar.org/cards.osd"/>
        </DEPENDENCY>
    </IMPLEMENTATION>
</SOFTPKG>
```

图 2.21　OSD 示例

3）MIF

桌面管理任务组（Desktop Management Task Force, DMTF）是一个行业联盟，负责为个人计算机系统和产品开发、支持和维护管理标准。DMTF 工作的最初成果是桌面管理接口（Desktop Management Interface, DMI），它创建了一个公共接口层来访问计算系统上的管理信息。与 DMI 相关的一项工作是管理信息格式（Management Information Format, MIF），它是一种通用的分层数据模型，用于描述计算系统的各个方面，包括软件系统。目前，DMTF 正在转向一种新的、面向对象的数据模型，称为公共信息模型（Common Information Model, CIM）。

下面介绍如何应用程序管理工作组创建的 MIF。MIF 的标准语法分为三个层次元素：COMPONENT、GROUP 和 ATTRIBUTE。COMPONENT 是一种顶级分组机制，用于描述单个实体；一个组件可以包含一个或多个 GROUP 元素，用于对一组相关的属性进行归类；ATTRIBUTE 是 GROUP 的子元素，并包含有类型的值。

MIF 创建一套标准的语法元素来描述一个软件组件，这些元素被命名为 ComponentID、Software Component Information、Software Signature、Location、Equivalence、Superseded Products、Maintenance、Verification、Subcomponents、Component Dependencies、Attribute Dependencies、File List、Installation、Installation Log Files、Support。具体而言，组件标识（ComponentID）、软件组件信息（Software Component Information）、软件签名（Software Signature）和验证（Verification）可以用于对软件组件进行标识和验证，这些元素分别描述了制造商、具体的产品配置、用于检测软件是否存在的手段以及软件操作水平。Location 可以用于描述文件和组件所在的位置，其他元素只能引用 Location 元素的索引，而不是直接指定位置，这是为了分离位置信息来简化管理。Superseded Products 描述了与该组件等价的其他软件组件。Maintenance 则说明了被该规范中描述的软件组件所取代的产品。只有当所描述的软件组件实际上是其他软件组件的维护版本或补丁，并对需要维护的组件进行描述时，才使用 Maintenance。Subcomponents 用于支持"套件"类的软件组件（如 Microsoft Office）。Component Dependencies 标识该组件所依赖的软件组件，而 Attribute Dependencies 指定该组件为了正确运行而使用的特定属性值。File List 列出了包含所描述的软件组件的文件。Installation 指定该软件组件的可用安装和卸载进程。Installation Log Files 指定安装过程中创建的日志文件的名称、位置和描述。最后，Support 提供了用于获得所述软件组件的产品支持信息。

4）OpenGMS 模型环境描述文档

对地理模型运行环境的异构性特征进行结构化描述是地理模型部署顺利开展的基础。OpenGMS 设计了地理模型运行环境描述文档，并认为：模型运行环境描述文档首先应该是面向人的，通过运行环境描述文档提供的信息，模型使用者就能够清晰地了解模型部署和运行相关的环境需求；同时该描述文档又是面向机器的，通过模型运行环境文档，能够判断出运行环境的完备性，从而服务于下一步的适配部署流程。

OpenGMS 模型运行环境描述文档主要包含四类属性：硬件环境信息（HardwareConfigures）、软件环境信息（SoftwareConfigures）、组件依赖信息（Assemblies）、支撑资源信息（SupportiveResources）（张丰源，2021）。其中，硬件环境信息中的属性值可以表示为一个范围，例如，需要主频高于 2.8 GHz 的 CPU，就可以设置"key"为"CPU frequency"，"value"为"［2.8 GHz，infinite）"；软件环境信息更注重于可安装模型软件，如 Python 3.7、Microsoft VC++ 6.0、R 4.0.3 等软件；组件依赖信息更注重于一些开发组件，通常以 DLL、SO 库的形式安装到系统中，如 OpenGL 相关 DLL、GDAL 相关 DLL 等；支撑资源信息一般指随模型一同打包的相关文件，如说明文档、配置软件环境的安装部署包等。为便于研究人员开展文档编写工作，同时也为计算机自动识别文档内容提供支撑，上述四类属性的 key-value 需要采用统一标准。

OpenGMS 在总结常见模型环境信息的基础上，构建了计算环境的描述体系，形成了可扩展、标准化的环境字典。参考环境字典的相关内容，模型运行环境描述文档能够以更规范化的形式被描述；同时通过环境描述文档与真实计算环境的映射，降低了模型运行环境与计算资源环境信息的匹配难度，使得地理模型的自动化匹配安装部署成为可能。

5）模型运行环境描述文档小结

综上所述，Hall 等提出的可部署软件描述（Deployable Software Description，DSD）语言可用于描述软件系统和软件复杂的内外部依赖关系（Hall et al.，1998；Hall et al.，1999）；Van Hoff 等提出的开放式软件描述（Open Software Description，OSD）语言可以为打包的软件描述软件组件、版本和内部结构等关系（van Hoff et al.，2005）；桌面管理组织（Desktop Management Task Force，DMTF）提出的信息管理格式（Management Information Format，MIF）语言增添了很多的标准字段来支持软件部署，可以用来描述不同运算系统的元素（Desktop Management Task Force，2003）。这些语言都可以用来描述软件运行环境信息，但是他们的语法过于复杂，并且描述内容过于详细，操作难度较大。OpenGMS 模型环境描述文档面向地理分析模型运行需求进行了针对性优化,只保留了对于模型运行依赖相关需求环境的描述,使用灵活且具有较高拓展性。

# 参 考 文 献

狄小春. 1990. 地理信息系统中的网络模型. 地理研究,1990(1):35-40.

胡凤彬,夏佩玉,沈言贤. 1986. 四水源新安江流域模型及参数地理规律的探讨. 水文,(1):16-24.

李峰平,章光新,董李勤. 2013. 气候变化对水循环与水资源的影响研究综述. 地理科学,33(4):457-464.

黎夏,李丹,刘小平,何晋强. 2009. 地理模拟优化系统 GeoSOS 及前沿研究. 地球科学进展,24(8):899-907.

刘昌明,孙睿. 1999. 水循环的生态学方面:土壤-植被-大气系统水分能量平衡研究进展. 水科学进展,(3):251-259.

林振山,袁林旺,吴得安. 2003. 地学建模. 北京:气象出版社.

刘某承,李文华,谢高地. 2010. 基于净初级生产力的中国生态足迹产量因子测算. 生态学杂志,29(3):592-597.

汤秋鸿. 2020. 全球变化水文学:陆地水循环与全球变化. 中国科学:地球科学,50(3):436-438.

唐华俊,吴文斌,杨鹏,陈佑启,Verburg, P. H. 2009. 土地利用/土地覆被变化(LUCC)模型研究进展. 地理学报,64(4):456-468.

王明. 2020. 面向开放式地理模拟的计算资源适配与调度方法研究. 南京师范大学硕士研究生学位论文.

王晓君,马浩. 2011. 新一代中尺度预报模式(WRF)国内应用进展. 地球科学进展,26(11):1191-1199.

徐建华,陈睿山. 2017. 地理建模教程. 北京:科学出版社.

杨柳林,曾武涛,张永波,刘乙敏,廖程浩,甘云霞,邓雪娇. 2015. 珠江三角洲大气排放源清单与时空分配模型建立. 中国环境科学,35(12):3521-3534.

乐松山. 2016. 面向地理模型共享与集成的数据适配方法研究. 南京师范大学博士研究生学位论文.

岳天祥. 2003. 资源环境数学模型手册. 北京:科学出版社.

张丰源. 2021. 地理分析模型的服务化共享与复用方法研究. 南京师范大学博士研究生学位论文.

Allen, C., Metternicht, G., Wiedmann, T. 2016. National pathways to the Sustainable Development Goals (SDGs): A comparative review of scenario modelling tools. *Environmental Science & Policy*, 66:199-207.

Atkinson, C., Kühne, T. 2003. Model-driven development: A metamodeling foundation. *IEEE*

*Software*, 20(5): 36-41.

Benz, J., Hoch, R., Legovi, T. 2001. ECOBAS—Modeling and documentation. *Ecological Modeling*, 138(1-3): 3-15.

Benz, J., Knorrenschild, M. 1997. Call for a common model documentation etiquette. *Ecological Modeling*, 97(1-2): 141-143.

Bray, T. 1996. *Extensible Markup Language (XML): Part I. Syntax*. Textuality, Vancouver, BC, Canada.

Cao, M., Zhu, Y., Quan, J., Zhou, S., Lv, G., Chen, M., Huang, M. 2019. Spatial sequential modeling and predication of global land use and land cover changes by integrating a global change assessment model and cellular automata. *Earth's Future*, 7(9): 1102-1116.

Chang, J.C., Hanna, S.R. 2004. Air quality model performance evaluation. *Meteorology and Atmospheric Physics*, 87(1-3): 167-196.

Claeson, C.F. 1968. Distance and human interaction: Review and discussion of a series of essays on geographic model building. *Geografiska Annaler: Series B, Human Geography*, 50(2): 142-161.

Darnton, G. 2012. Meta meta modeling, carnap, and innovating information systems. Proceedings of the UK Academy of Information Systems Conference. Oxford University.

Desktop Management Task Force. 2003. Desktop management interface specification. https://www.dmtf.org/sites/default/files/standards/documents/DSP0005.pdf

Ellerman, C. 1997. Channel definition format. Microsoft Corp, Redmond, WA.

Flatscher, R.G. 1998. Exchange of UML-Models with EIA/CDIF. In: Schader, M., Korthaus, A. (eds). *The Unified Modeling Language*. Physica-Verlag HD.

Gregersen, J. B., Gijsbers, P. J. A., Westen, S. J. P. 2007. OpenMI: Open modelling interface. *Journal of hydroinformatics*, 9(3): 175-191.

Grimm, V., Augusiak, J., Focks, A., Frank, B.M., Gabsi, F., Johnston, A.S.A., Liu, C., Martin, B.T., Meli, M., Radchuk, V., Thorbek, P., Railsback, S.F. 2014. Towards better modeling and decision support: Documenting model development, testing, and analysis using TRACE. *Ecological Modeling*, 280: 129-139.

Grimm, V., Berger, U., Bastiansen, F., Eliassen, S., Ginot, V., Giske, J.,Goss-Custard, J., Grand, T., Heinz, S., Huse, G.,Huth, A., Jepsen, J. U., Jørgensen, C.,Mooij, W. M., Müller, B., Pe'er, G., Piou, C., Railsback, S. F, Robbins, A. M., Robbins, M. M., Rossmanith, E.,Rüger, N., Strand, E., Souissi, S., Stillman, R. A., Vabø, R.,Visser U., DeAngelis, D. L. 2006. A standard protocol for describing individual-based and agent-based models. *Ecological Modelling*, 198(1-2): 115-126.

Hall, R.S., Heimbigner, D., Wolf, A.L. 1998. Evaluating software deployment languages and schema. 14th IEEE International Conference on Software Maintenance (ICSM98). Bethesda, MD, USA.

Hall, R.S., Heimbigner, D., Wolf, A.L. 1999. Specifying the deployable software description format in XML. Technical Report CU-SERL-207-99, University of Colorado Software Engineering Research Laboratory.

Horiuchi, H. 2006. Metamodel framework standard for interoperability: Toward the sharing of models. 2nd Int. Symp. on Knowledge Processing and Service for China, Japan and Korea.

Huang, Y., Deng, M., Wu, S., Japenga, J., Li, T., Yang, X., He, Z. 2018. A modified receptor model for source apportionment of heavy metal pollution in soil. *Journal of Hazardous Materials*, 354: 161-169.

Janssen, M.A., Alessa, L.N., Barton, C.M., Bergin, S., Lee, A. 2008. Towards a community framework for agent-based modelling. *Journal of Artificial Societies and Social Simulation*, 11 (2): 6.

Kaiser, F.G., Hartig, T., Brügger, A., Duvier, C. 2013. Environmental protection and nature as distinct attitudinal objects: An application of the Campbell paradigm. *Environment and Behavior*, 45(3): 369-398.

Langran, G. 1989. A review of temporal database research and its use in GIS applications. *International Journal of Geographical Information System*, 3(3): 215-232.

Li, F., Zhang, J., Liu, C., Xiao, M., Wu, Z. 2018. Distribution, bioavailability and probabilistic integrated ecological risk assessment of heavy metals in sediments from Honghu Lake, China. *Process Safety and Environmental Protection*, 116:169-179.

Li, X., Chen, Y., Liu, X., Li, D., He, J. 2011. Concepts, methodologies, and tools of an integrated geographical simulation and optimization system. *International Journal of Geographical Information Science*, 25(4): 633-655.

Neitsch, S.L., Arnold, J.G., Kiniry, J.R., Williams, J.R. 2011. Soil and water assessment tool theoretical documentation version 2009. Texas Water Resources Institute.

O'Callaghan, J.F., Mark, D.M. 1984. The extraction of drainage networks from digital elevation data. *Computer Vision, Graphics, and Image Processing*, 28(3): 323-344.

Open Geospatial Consortium. 2007. OpenGIS Web Processing Service. https://www.ogc.org

Oxford Dictionary. 2015. Meta-Definition of Meta in English from the Oxford Dictionary. Accessed October 3, 2015. http://www.oxforddictionaries.com

Peckham, S. D., Hutton, E. W. H., and Norris, B. 2013. A component-based approach to integrated modeling in the geosciences: The design of CSDMS. *Computers and Geosciences*, 53: 3-12.

Peng, J., Albergel, C., Balenzano, A., Brocca, L., Cartus, O., Cosh, M.H., Crow, W.T., Dabrowska-Zielinska, K., Dadson, S., Davidson, M., Rosnay, P.D., Dorigo, W., Gruber, A., Hagemann, S., Hirschi, M., Kerr, Y., Lovergine, F., Mahecha, M.D., Marzahn, P., Mattia, F., Musial, J.P., Preuschmann, S., Reichle, R.H., Satalino, G., Silgram, M., Bodegom, P. V., Verhoest, N., Wagner, W., Walker, J.P., Wegmüller, U., Loew, A. 2020. A roadmap for high-resolution satellite soil moisture applications-confronting product characteristics with user requirements. *Remote Sensing of Environment*, 2020: 112162.

Qi, J., Chen, C., Beardsley, R.C., Perrie, W., Cowles, G.W., Lai, Z. 2009. An unstructured-grid finite-volume surface wave model (FVCOM-SWAVE): Implementation, validations and applications. *Ocean Modelling*, 28(1-3): 153-166.

Rabori, A.M., Ghazavi, R. 2018. Urban flood estimation and evaluation of the performance of an urban drainage system in a semi-arid urban area using SWMM. *Water Environment Research*, 90 (12): 2075–2082.

Rossman, L. A. 2010. Storm water management model user's manual, version 5.0. Cincinnati: National Risk Management Research Laboratory, Office of Research and Development, US Environmental Protection Agency.

Rumbaugh, J., Jacobson, I., Booch, G. 1998. *The Unified Modeling Language Reference Manual*. Addison-wesley Professional.

Russell, M.H., Layton, R.J. 1992. Models and modeling in a regulatory setting—Considerations, applications, and problems. *Weed Technology*, 6 (3): 673–676.

Schmolke, A., Thorbek, P., DeAngelis, D.L., Grimm, V. 2010. Ecological models supporting environmental decision making: A strategy for the future. *Trends in Ecology and Evolution*, 25 (8): 479–486.

Schuurmans, W. 1993. Unsteady-flow modeling of irrigation canals. *Journal of Irrigation and Drainage Engineering*, 119(4):615–630.

Sitch, S., Smith, B., Prentice, I.C., Arneth, A., Bondeau, A., Cramer, W., Kaplan, J.O., Levis S., Lucht, W., Sykes, M.T., Thonicke, K., Venevsky, S. 2003. Evaluation of ecosystem dynamics, plant geography and terrestrial carbon cycling in the LPJ dynamic global vegetation model. *Global Change Biology*, 9(2): 161–185.

Skamarock, W.C., Klemp, J.B. 2008. A time-split nonhydrostatic atmospheric model for weather research and forecasting applications. *Journal of Computational Physics*, 227(7): 3465–3485.

Thornton, P.E., Running, S.W. 2000. User's Guide for BIOME-BGC, version 4.1. 1. Numerical Terradynamic Simulation Group, University of Montana, Missoula, MT, USA.

Tiktak, A., van Grinsven, H. J.M. 1995. Review of sixteen forest-soil-atmosphere models. *Ecological Modeling*, 83(1–2): 35–53.

Tucker, G.E., Hutton, E.W.H., Piper, M.D., Campforts, B., Gan, T., Barnhart, K.R., Kettner, A.J., Overeem, I., Peckham, S.D., McCready, L., Syvitski J. 2022. CSDMS: a community platform for numerical modeling of Earth surface processes. *Geoscientific Model Development*, 15(4): 1413–1439.

van Hoff, A., Partovi, H., Thai, T. 1997. The open software description format (OSD). Microsoft Corp. and Marimba, Inc.

Willmott, C.J., Rowe, C.M., Mintz, Y. 1985. Climatology of the terrestrial seasonal water cycle. *Journal of Climatology*, 5(6): 589–606.

Xiao, D., Chen, M., Lu, Y., Yue, S., Hou, T. 2019. Research on the construction method of the Service-oriented Web-SWMM System. *ISPRS International Journal of Geo-Information*, 8 (6): 268.

Ye, X., Rey, S. 2013. A framework for exploratory space-time analysis of economic data. *The Annals of Regional Science*, 50(1): 315–339.

Ye, X., Wei, Y.D. 2005. Geospatial analysis of regional development in China: The case of

Zhejiang Province and the Wenzhou model. *Eurasian Geography and Economics*, 46（6）: 445-464.

Yi, W., Özdamar, L. 2007. A dynamic logistics coordination model for evacuation and support in disaster response activities. *European Journal of Operational Research*, 179(3): 1177-1193.

Yue, S., Chen, M., Wen, Y., Lu, G. 2016. Service-oriented model-encapsulation strategy for sharing and integrating heterogeneous geo-analysis models in an open web environment. *ISPRS Journal of Photogrammetry and Remote Sensing*, 114: 258-273.

Yue, S., Wen, Y., Chen, M., Lv, G., Hu, D., Zhang, F. 2015. A data description model for reusing, sharing and integrating geo-analysis models. *Environmental Earth Sciences*, 74(10): 7081-7099.

Zahran, S., Brody, S.D., Grover, H., Vedlitz, A. 2006. Climate change vulnerability and policy support. *Society and Natural Resources*, 19(9): 771-789.

Zeng, Z., Yuan, X., Liang, J., Li, Y. 2021. Designing and implementing an SWMM-based web service framework to provide decision support for real-time urban stormwater management. *Environmental Modelling & Software*, 135: 104887.

# 第3章

# 地理分析模型共享方法

## 3.1　地理分析模型共享发展

### 3.1.1　模型共享的定义

"共享"即分享,是将一件物品或者信息的使用权或知情权与其他人共同拥有。《中国资源科学百科全书》对信息共享的定义是:在一定程度的开放条件下,同一信息资源为不同用户使用的服务方式。此外,闾国年等(2007)也对信息共享做出了定义:人们为满足并协调自身的需求而对信息的共同使用进行阶段性技术载体和共同行为的调整。

在地理与地理信息科学领域,地理信息共享有广义和狭义之分。广义的地理信息共享是指基于口头、纸质和网络等载体的地理信息共享;狭义的地理信息共享是特指在网络技术支持下的地理信息共享,即以计算机及空间数据基础设施等载体为依托,在标准、政策、法律等软环境的支持下,对地理信息进行的共同使用(闾国年等,2007)。类比地理信息共享的概念,地理分析模型共享也有广义和狭义之分。广义的地理分析模型共享是指通过人工复制和网络传输等方式进行地理分析模型的传递与使用;狭义的地理分析模型共享特指在网络支撑下,以计算机及软件基础设施等载体为依托,对地理分析模型进行共同使用。

### 3.1.2　模型共享的需求

时代的进步推动着技术更迭,思维方式、追求目标、实现方式等方面的革新也推动着新时代地理学的快速发展。新时代的地理学既迎来了新思想、新技术、新数据、新秩序、新方法,同时也面临着新挑战与新要求。

新时代地理学是以人地关系为核心,具有区域性、综合性及复杂性的特征,跨越自然科学与社会科学的交叉性基础科学。其中,区域性是从区域视角出发,以区域作为地理学的研究单元,分析区域内部自然、人文地理要素相互联系与演化过程中形成的特征;综合性要求地理学研究以地理环境中多种自然、人文要素相互作用下形成的统一整体为研究目标;复杂性认为地理系统是多要素混杂、多尺度耦合、多过程交织的开放、复杂巨系统,需要以复杂性科学和开放科学研究方法加以应对。随着地理学研究的深入,地理学特征问题的探索也日趋深入(傅伯杰,2017)。

众多研究表明,地理分析模型是地理学研究的重要工具,地理建模是模拟探索与理解地理现象与过程的有效手段(Lin et al.,2013a;Lin et al.,2013b;Belete et al.,2017b)。对地理现象与地理过程进行建模与模拟,这种方式可以帮助人类探索世界、预测未来,从而提供决策支持(周成虎等,2009;闾国年,2011)。面向不同的研究目标和研究对象,研究者构建了大量的地理分析模型(如SWAT、CMAQ等),用以认知和探索地理系统及其组成要素、内部结构、演化规律等。这些地理分析模型是经验和知识的具体实现,主要以计算机程序的形式存在,用于解决面向不同研究区域和时空尺度的复杂地理问题。但这些模型大多由研究者个人或者单个研究团体开发,通常散落在小范围个体手中,难以被大范围共享和重用,导致模型真正的价值和效益无法有效发挥。

伴随地理学特征研究的深入,单一领域内地理问题的求解逐渐向多学科背景、多研究领域知识的综合应用过渡。地理系统的综合性、复杂性特征要求不同领域的地理分析模型能够协同有效地参与各类地理现象的模拟、预测和评估。尽管当前已经积累了大量地理分析模型,而非完全独立开发全新的模型。但是,由于建模者思维习惯和开发方式的不同,大多数模型的结构组织、建模方法、依赖环境、调用方式、使用情景存在差异,极大限制了其他研究者对模型的快速理解与重用。同时,由于这些模型分散在不同研究机构、不同领域的研究者手中,地理模型的共享变得愈加困难,最终形成"模型孤岛""模型城堡"。"模型孤岛""模型城堡"的存在直接导致了模型资源的重复开发,大量时间与资源被浪费在模型代码重复编写、重复编译配置等低水平、低效率工作上。因此,需要在分布式网络技术的支撑下,实现分散、分布的模型资源在网络环境中的共享与重用,以满足综合复杂地理问题求解时多源异构地理模型快速集成的需求(林珲等,2009;吴国雄等,2020)。

在新时代地理学研究背景下,地理分析模型共享愈发重要。首先,模型共享可以充分传递模型所承载的研究经验和成果,其他研究者能够快速获取相关知识,开展相关研究,从而提升科学研究效能;其次,科学研究的开展,尤其是复杂地理问题的解决,会面临跨学科、跨领域、跨方向等挑战,地理分析模型的共享是深入开展复杂科学研究、实现综合集成应用的基础;再次,不同于静态数据共享方式,科学计算模型的共享是一种动态的共享(Crosier et al.,2003),随着模型使用时间不断增加与使用过程不断丰富,地理分析模型的信息量和价值也在不断增加,进一步扩大了模型共享的价值与意义。

当前,地理分析模型共享存在新的机遇。一方面,随着计算机网络技术的发展,研究者逐渐习惯于在网络空间共享与复用相关模型(Goodall et al.,2011;Rajib et al.,2016);另一方面,随着地理问题探究的逐渐深入,地理模拟在复杂情景理解、多过程与多要素模拟应用等需求下,服务于模型集成的地理分析模型共享已不容忽视。

### 3.1.3 模型共享的形式

随着计算机网络的发展,地理分析模型共享的理论与方法在不断进步。地理分析模型的共享过程经历了从面向专业化应用到面向社会化服务的转变,以及由解决单一问题模拟向复杂地理问题求解的演变。在面向多领域、多用户的共享需求时,地理分析模型的共享方式催生出了多种不同的共享形式。

1)模型知识共享

模型知识共享是指利用不同媒介(如书籍、论文等)共享模型基础知识、模型过程机理等信息,从而达到与其他用户共享的目的(张丰源,2021)。常见的模型知识共享相关书籍有 *Simulating Complex Systems by Cellular Automata*、《水文非线性系统理论与方法》《流域泥沙动力学模型》等(Fotheringham and O'Kelly,1989;夏军,2002;王光谦和李铁健,2009)。

2)基于模型源码的共享

基于模型源码的共享指通过相关媒介(包括物理介质以及网络环境)共享模型源代码。在网络数据库并未通用之前,地理学主要利用介质(包括磁盘、光盘、硬盘等)对相关资源进行文件方式的存储与管理。网络技术广泛应用后,网络空间资源的上传与下载成为常态,许多研究者开始在网络上共享和下载模型源代码。例如,研究者将 SWMM(Storm Water Management Model)、SWAT(Soil and Water Assessment Tool)、WRF(Weather Research and Forecasting)、FVCOM(The Unstructured Grid Finite Volume Community Ocean Model)等地理分析模型的源代码上传至代码仓库(如 GitHub)和模型介绍官网,以便其他研究人员下载与复用①。

### 3)组件式共享

组件式共享指通过规定既定的计算机接口,将模型封装成一些遵循既定目标的组件(张丰源,2021),从而实现模型共享的目的。在地理分析模型建立与集成的初期,研究者往往需要通过硬耦合的方式利用共享的模型源码进行模型集成,因此给建模者造成了很大的工作负担(Dolk and Kottemann,1993)。随着计算机组件化理念的逐渐普及,为了降低模型源码集成的困难,基于组件式思想的共享方法成为模型共享的常用手段(Argent et al.,2006)。为了提高模型共享的效能,研究者利用既定的计算机接口实现组件式共享,从而有效减小模型在实际应用中的成本,避免资源浪费。例如,Maxwell 和 Costanza(1997)提出 MML(Modular Modeling Language)以封装异构模型;OpenMI 和 CSDMS 提出了标准化的组件模型封装方法(Gregersen et al.,2007;Jiang et al.,2017);Ascough 等(2010)提出了以组件式模型为基础的组件式建模系统(Object Modeling System,OMS)。

### 4)服务式共享

服务式共享指研究者将模型的相关操作通过网络接口的形式进行封装,并将封装完的模型以服务方式发布到网络环境中,以供网络环境中的其他用户进行调用。随着网络技术的发展,研究者不断地将网络服务化的概念应用于地理学中,如 MaaS(Model-as-a-Service)以及 SOA(Service-Oriented Architecture)等。总而言之,面向服务化的地理分析模型共享已经成为当今地理学研究的热点话题之一(Belete et al.,2017a;Yang et al.,2011;Laniak et al.,2013;Zhao et al.,2012)。地理分析模型的服务化是用户在网络空间中共享地理分析模型的有效手段,它可以在开放的网络环境中支撑地理模拟任务运行,为地理模拟分布式运行奠定基础(Granell et al.,2013;Belete et al.,2017b;Wen et al.,2017)。例如,基于 OGC WPS 标准,用户可以借助一些软件(如 52°North)在网络上发布数据处理服务,以提供给其他用户使用(Zhao et al.,2013);OpenGMS 研究组设计了面向服务式共享的模型共享方案(张丰源,2021)。

### 5)社区式共享平台

基于社区式共享平台,专家学者可以通过共享模型知识、机制、源代码、组件和服务等方式共享地理分析模型。社区式共享平台可以通过模型分类和检索功

---

① 常见开源地理分析模型还有 Landlab、FDS、TauDEM 等。

能帮助平台用户发现、检索和匹配所需模型,并访问相关资源(张丰源,2021)。截止到 2020 年 12 月,地表动态建模系统联盟(CSDMS)收集了来自水文、地表、大气、人文等多个学科领域的开源模型近 400 个(Peckham et al.,2013);HydroShare 是面向水文领域的资源共享平台,用户通过该平台以描述、上传文件等方式共享模型资源、数据资源(Tarboton et al.,2014);社会与生态科学建模网络(Network for Computational Modeling in Social and Ecological Sciences,CoMSES Net)期望促进领域内模型的开发、共享和复用(Janssen et al.,2008);开放式建模组织(Open Modeling Foundation,OMF)旨在为不同组织之间的模型共享和标准协调建立一个社区,以减少共享和复用模型时的困难。开放式地理建模与模拟平台(Open Geographical Modeling and Simulation,OpenGMS)是一个开放式地理分析模型共享社区,用户可以共享和使用不同形式的地理分析模型(Chen et al.,2020)。

### 3.1.4 模型共享的挑战

近年来多源异构地理分析模型的共享研究取得了一定进展。随着组件化、服务化技术的发展,地理分析模型的共享程度得到显著提升。而在面向更深层次的地理研究中,地理分析模型的共享与复用也能更好地服务于针对复杂地理问题的模型构建以及多模型耦合,因此成为当前地理分析模型研究的主要热点之一。然而,地理分析模型共享的新挑战也随之出现。首先,地理分析模型描述体系具有较高的差异性,不同学科领域的专家难以理解其他领域的地理分析模型,从而产生交流障碍(张丰源,2021);其次,地理分析模型在数据需求、组织结构、建模方法、环境依赖等方面存在差异,导致了模型"实现"层次上的共享障碍,研究者难以轻松地共享已开发的模型;最后,网络空间的虚拟性与不稳定性,导致了被共享的模型在网络空间难以运行,相关研究者难以操作及调用其他研究者贡献出来的模型资源。

总体而言,目前仍存在以下问题值得探索:第一,在研究者集成跨领域、跨专业的地理分析模型时,传统模型共享方法难以满足模型使用者对异构模型数据的理解和认知,更无法在开放式网络计算环境中支撑地理分析模型的协作式共享、集成与运行;第二,硬件资源的诸多限制对模型共享造成了负面影响,例如,地理模拟计算涉及的大数据流入/流出会对服务器带宽的稳定性带来一定的挑战;第三,一致且统一的数据交换和模型调用方式的缺乏,导致互操作问题成为限制模型广泛共享的重要因素之一;第四,模型共享过程中涉及的模型著作权和所有权等问题需要妥善解决;第五,模型数据是模型共享的重要组成部分,多源异构的模型数据仍然难以在分布式网络下被地理分析模型直接使用。

# 3.2　地理分析模型共享策略

## 3.2.1　组件式共享

### 1) 组件式共享的优势

对不同领域的地理分析模型而言,模型在内容结构、执行逻辑、数据接口、编程方式等方面都存在较大的异构性。如何更好、更灵活地支撑模型共享与集成,将异构地理模型封装成具有统一接口的标准化地理分析模型组件,从而进行组件化的模型共享与复用,是目前模型共享研究的主流方向之一。

一般认为,组件是指具有一定功能、能够独立工作或可以同其他组件结合起来协调工作的程序体(刘惠颖,2005)。在组件式共享方式中,模型以组件形式组织,隐藏其实现细节,提供接口供外界执行程序统一调用(胡迪,2012;陈红燕,2015)。组件式模型共享的优点有:①开发、调试效率高,可维护性强:地理分析模型以相对独立形式存在,其具有统一标准的接口,模型开发者不必耗费时间、精力去研究实现代码的逻辑,在进行模型调用与多模型集成时只需要使用暴露在外的组件接口进行集成与对接,因此便于后期问题查找和维护优化。②避免阻断:组件化具有高度解耦、任意组合、重复利用、分层独立化等特点,并且可以独立运行,如果一个模块产生了错误,不会影响其他模块的调用。③版本管理更容易:如果由多人协作开发,可以避免代码覆盖和冲突。因此,组件化是实现地理分析模型共享和复用的优选方案之一。

### 2) 组件式共享的方法

组件式地理分析模型的共享包括两大核心环节:组件式封装和组件式调用。组件式封装是异构地理分析模型得以顺利共享的前提;组件式调用是地理分析模型能够有效共享并支撑广泛地理模拟分析的关键。

在计算机领域中,封装是对对象的属性和细节进行包装或隐藏后形成具有稳定接口的新对象,也就是将抽象得到的数据和行为(或功能)相结合,形成一个有机的整体(陈红燕,2015)。组件式封装主要指基于本地化组件功能调用的封装,具体操作是对原始资源中的类和函数进行抽象与总结,利用新的函数隐藏原始函数的实现细节以及函数之间的关系,从而将原始资源封装成组件并提供统一的接口(谭羽丰,2018)。目前,国内外都开展了组件式的地理分析模型封装研究,并取得了一定的进展和成果。在国外,DHI 公司封装与集成关于水文分析及空间分析的地理分析模型,并开发了 MIKE FLOOD、MIKE BASIN、MIKE II

GIS 等应用产品;ESRI 公司设计开发了 Arc Hydro,它通过封装水文分析程序并以组件形式集成在 ArcGIS 软件中。在国内,王惠林等(2006)开发了黑河水文水资源决策支持系统,利用 Qt 对 CLIPS 进行封装,并且以动态链接库(DLL)的形式加载 CLIPS;何亚文等(2013)提出基于可执行程序、动态链接库的组件式模型封装方法,直接将模型嵌入 GIS 系统进行调用。

对组件式地理分析模型进行调用是模型封装的后续步骤以及实现模型应用的关键。由于实现了对模型的封装,模型调用过程不再需要考虑模型的具体实现细节,只需要依赖封装模型的调用接口。这保证了模型组件的相对稳定,因为模型内部的变化并不会导致其接口的变化,只要其接口不变,其他外部模型或程序与此模型的契约关系就不会变化。因此,为解决不同模型组件之间调用方式的异构性,研究人员开发了许多组件式地理分析模型的调用接口标准,如 BMI、OpenMI 等。

### 3.2.2　服务式共享

1) 服务式共享的优势

随着网络技术的发展,以计算机程序为基础的地理分析模型共享与复用手段也在不断升级,研究者开始关注基于网络服务的地理分析模型共享。由于服务式模型共享具有编程语言无关性、平台无关性、松散耦合性、高度可集成性、使用协议的规范性等优点,它在资源共享、数据传输、提高网络构件利用率等方面具有明显优势。因此,服务式地理分析模型共享已逐渐成为当前研究的热点。

分布式网络环境下的 Web 服务是服务式地理分析模型共享的基础。面向源于不同领域、不同部门的异构模型资源,通过规范性设计与服务化封装可以将其包装成标准的地理分析模型网络组件,并发布为可重用的网络服务资源。这种以服务形式组织的模型共享方式,可以有效解决模型复杂软硬件环境等需求。模型使用者可以不关注模型服务的操作系统(如 Windows、Linux 或者 macOS 等),也不用关注模型的编程语言(如 Python、C 语言、C++或 Java 等),可以透明、高效地使用访问接口调用模型进行模拟分析(胡迪,2012)。同时,服务式共享模式发布的模型可以在基于不同技术架构开发的平台上进行集成应用,解决实际应用中各行业地理分析模型难以汇聚的问题,提高资源的利用率。在分布式网络环境中,以服务的方式进行模型共享是较为灵活方便的手段之一,也是地理分析模型共享与集成研究的重要趋势。

2) 服务式共享的方法

服务式模型共享方法的实现如图 3.1 所示。首先,面向不同地理分析模型,归纳模型的数据特征、执行特征和操作特征,构建兼顾不同领域模拟需求的地理分析模型描述方法;基于结构化描述方法,设计地理分析模型的标准化封装方法;通过分析模型运行环境,合理匹配与部署目标计算机环境,生成模型部署策略,完成模型部署工作;最后,发布地理分析模型服务,实现模型发布与调用(谭羽丰,2018)。

图 3.1    服务式共享方法的关键实现步骤

（1）结构化描述方法

地理分析模型描述是连接建模者与使用者的桥梁,可以帮助地理分析模型使用者理解并合理使用模型。由于地理建模者众多,地理分析模型的描述往往方法多样、内容异构、风格迥异,这在一定程度上导致地理分析模型的描述难以解析,造成模型使用者对模型理解困难。同时,非结构化的描述方法也不利于对模型进行检索、归档、管理等操作。因此,需要设计一种兼顾地理学不同领域、部门的地理分析模型结构化描述方法,以实现对各种模型特征的标准化描述(Yue et al., 2015)。国内外不同组织机构已经设计了诸多描述方法,例如,国际开放地理联盟标准中关于网络处理服务的标准 OGC WPS(Open Geospatial Consortium Web Processing Service);OpenGMS 研究团队设计了结构化的模型描述文档(Model Description Language Document, MDL Document)对模型进行标准化描述。

（2）标准化封装技术

面向地理分析模型服务式共享的标准化封装主要是通过屏蔽模型的异构性,抽象模型运行行为以及输入、输出信息,从而对模型实体进行包装或组合,形成具有稳定接口、可发布成网络服务的可执行程序。目前,研究者主要是利用基于 Web 服务的模型封装方法,开展了模型的标准化封装研究,如分别利用 Web 服务对 Matlab 相关功能、SWAT 模型以及 OPENT 的功能模型进行服务化封装(李相育和钱宇,2007;汪小林等,2011);OpenGMS 研究团队利用制定的标准接口将模型进行标准化封装(图 3.2)(Wen et al., 2013;Yue et al., 2016)。其他一些方法也被应用于模型封装,如基于公共对象请求代理体系结构(Common Object Request Broker Architecture,CORBA)技术的模型封装方法以及基于 COM/DCOM 的模型封装技术等(李天宇,2013;孙荣胜和徐天鹏,2003)。

（3）模型部署策略

在模型服务式共享中,地理分析模型部署是配置模型运行所需的软硬件环境,并将封装好的标准化模型安装至目标计算资源,使其可以顺利计算运行的过

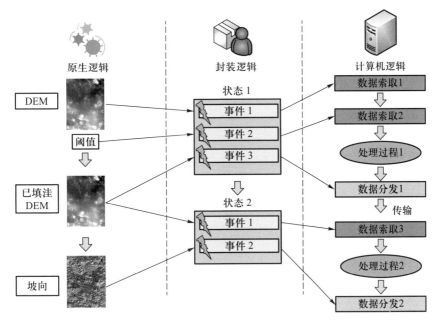

图 3.2  地理分析模型标准化封装中的逻辑映射(张丰源,2021)

程。由于地理分析模型具备一般计算机程序的特性,其能否成功运行除了取决于模型程序本身外,还与模型程序所处的运行环境息息相关。因此,在模型部署过程中,研究人员需要针对不同地理分析模型的实现与运行特征来进行软硬件选择、环境匹配以及自适应部署等操作,以保障模型服务正常运行。

传统的部署方式是利用手工部署或者编写部署脚本的方式来实现地理分析模型在计算资源上的部署。然而,由于传统部署方式成本较高、专业性强,再加上计算资源环境的不确定性,网络环境下的模型部署方式仍需针对传统部署方式的不足之处不断完善。为此,科研人员近年来开展了大量的研究,其中OpenGMS 研究团队设计了基于多平台的模型部署策略,匹配模型所需的软硬件环境,面向不同的模型部署需求,提供基于环境匹配的模型部署和强制部署两套部署策略,为地理分析模型的可迁移部署奠定了基础(张丰源,2021)。

(4) 模型发布与调用

地理分析模型的服务化最终是将模型发布成网络服务,并将模型的相关操作以网络接口的形式进行暴露,使得网络环境下的用户得以发现模型并实现模型调用。以 OpenGMS 的模型服务容器为例,该容器可以发布地理分析模型服务,也可以对已发布的模型服务进行资源管理、权限约束、调用与运行控制,从而支撑地理分析模型在网络环境下的共享(张丰源,2021)。

模型服务发布是将前文已部署的地理分析模型发布成网络服务,从而形成网络环境下可发现可获取的模型服务。在此过程中,需要根据模型本身的特征以及模型使用需求设计模型发现的相关接口,如模型服务的查询接口、调用接口、数据上传下载接口等,从而为网络环境中的不同用户提供可以发现与调用模型服务的有效通道。

模型调用是指模型使用者通过网络服务接口访问并使用部署在服务器的地理分析模型。通过模型调用,模型使用者无须关注模型资源所需的复杂软硬件环境,可以直接使用地理分析模型的相关功能。为了支持对模型服务的调用,需要在服务器中对模型及其他相关模拟资源编制索引,对模型资源的使用权限进行控制,对模型数据进行适配与调度,从而实现对模型及模型相关数据的管理。在模型调用过程中,需要借助模型的通信与控制策略,制定模型通信接口,监听并控制模型的状态与动作,例如,在不同状态下请求数据或发送数据等操作。同时,还需要对模型服务的状态与日志信息进行记录,将模型运行时状态及运行后相关统计信息反馈给用户。

# 3.3    地理分析模型互操作

## 3.3.1    模型互操作的定义与需求

一般而言,互操作是指数据和信息的交换,互操作性则是系统交换并共享数据和信息的能力(闾国年等,2007)。由于出发点和侧重点不同,不同领域对互操作性的定义也各有差异。在地理建模与模拟领域,地理分析模型互操作主要指:模型向其他模型提供服务、从其他模型接收服务以及通过这些服务实现有效协同工作的能力,旨在实现地理分析模型在不同建模环境之间的共享与集成。这个定义强调了两个方面的内容:其一是模型能够相互提供和接收服务;其二是模型能够通过服务有效协同工作。

基于统一标准建模或封装的地理分析模型在某些条件下已经处于可共享可复用的状态,且在某一领域内达成了某种共识或规范。在面向单一标准时,模型的共享和集成日趋成熟。例如,基于 OpenMI 标准的水文领域模型共享与集成;在 CSDMS 社区网站上,官方提供了基于 BMI 模型的一套集成建模框架 WMT(Web Modeling Tool)(Piper et al., 2015)。然而,由于模型标准之间形式异构的限制,这些基于不同标准的模型之间难以共享与复用。例如,OpenMI 标准在 2007 年被提出,主要用于水文水动力模型的建模与耦合集成,因此 OpenMI 主要以接口的形式表现出来,主要用于水文方面的耦合集成(Buahin and Horsburgh,

2018）。但这些模型难以与其他领域、其他标准的模型交互共享。

因此，面向不同标准的地理分析模型互操作已经逐渐受到研究人员的重视。模型跨标准之间的互操作是指基于标准之间的接口规范，利用目标标准接口调用基于源标准接口的模型，实现不同模型之间的互操作。这种互操作方法可以有效解决不同标准下模型描述的差异性、模型行为控制的多样性以及模型调用接口的异构性，从而能有效推动地理分析模型的共享与复用。

### 3.3.2  基于模型标准间互操作的基本思路

迄今为止，针对地理分析模型的使用，地理学及相关学科研究人员也提出过面向模型使用的标准及规范。通过制定模型行为标准，如设定和读取输入/输出数据、控制模型步骤等，统一模型运行行为，从而帮助用户共享地理分析模型。面向多种模型共享标准，已遵循某一标准而共享的模型难以在其他标准中进行复用，因此存在模型二次封装的问题。地理分析模型所遵循既定标准的组件式和服务式封装虽然在一定程度上解决了"模型孤岛"问题，使得模型得到了共享与复用，但是这种共享与复用仅局限在某一标准体系下，而不同标准之间的共享与复用"鸿沟"依旧存在（图 3.3）。这样的局限性使得在面向更加综合的地理模拟时缺乏必要的相关模型，同时导致研究人员难以探索更深层次的地理问题。

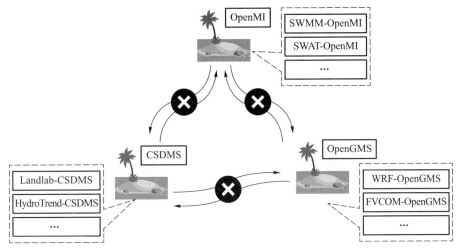

图 3.3  模型孤岛示意图

为解决标准之间模型共享与复用的问题，具体互操作方案可以分为三种，如图 3.4 所示。解决方案一是建立一个模型标准 $\gamma$，从而在不同标准之间建立相互联系和互操作方案。解决方案二通过建立一个统一的通用标准，每两个标准之间的互操作均通过通用标准作为中间件实现双向的互操作。随着新标准的出现,只需要与通用标准建立新的互操作标准,就可以与之前所有标准互操作。在解决方案二基础上,解决方案三的通用标准仅保留基本描述和基本交互方法,将通用标准建立在基本层次或者概念层次上。当新的标准加入时,还需要遵循统一的模型互操作性标准,并根据需要与其他标准进行互操作性联系。

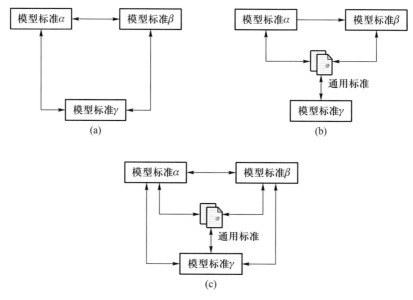

图 3.4    三种形式的互操作方案

以 OpenMI、BMI 以及 OpenGMS-IS 三个不同标准规范之间的地理分析模型共享为例。OpenMI 在水文领域有着较高的知名度和广泛应用,也积累了大量的水文水动力模型;BMI 是 CSDMS 社区模型通用的建模接口,主要用于地表中各地理过程的模拟,其模型库中也包含了大量相关模型;OpenGMS-IS 主要用于地理学各领域的模型封装与使用,同样积累了大量相关模型。三者在地理学的不同领域均有较为广泛的应用。

根据上述跨标准的地理分析模型共享策略,基于一系列通用标准规范,以不同标准的描述字段、交互接口、组件结构为切入点,详细设计互操作架构中的字段映射、接口转换、组件重构模块,完成对模型互操作引擎的开发,从而实现不同标准之间模型的互操作,以帮助用户实现在基于 OpenMI、BMI 和 OpenGMS 标准之间模型的共享与复用(图 3.5)(张丰源,2021)。

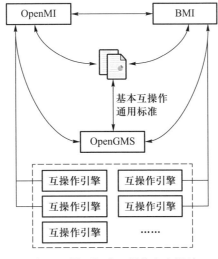

图 3.5 模型标准互操作方案设计

# 3.4 地理分析模型数据共享

## 3.4.1 模型数据共享的需求

地理分析模型的应用是利用数据资源和模型资源来解决复杂地理问题。在分布式模型应用的背景下,地理分析模型应用不再仅仅依赖于单一的本地数据资源的支持,而是需要存储于分散网络环境中的多源异构数据资源的支持。数据资源是地理模型分布式应用的重要支撑,对模型应用的数据适配、模型计算的驱动、模型应用的结论等具有重要影响。然而,现有的数据资源往往局限于单个研究个人和团体的使用,研究机构之间缺乏数据共享,以及对社会的开放性,从而形成了大量的"数据孤岛"。显然,这种分散、一次性使用科学数据的研究模式已经不能满足分布式地理分析模型应用快速发展的需要。对此,模型数据资源共享是一种被普遍接受的支持方案。

模型数据资源共享是指在涉及多领域知识背景的网络环境中,共享丰富多样的分散数据资源,从而为地理模型分布式应用服务。这不仅有利于满足涉及多领域知识、多种地理模型应用背景下的数据资源需求,而且可以有效促进多领域、多学科在网络环境下共享数据,打破"数据孤岛"的壁垒,最终服务于综合复杂地理问题的求解。

### 3.4.2    模型数据共享的方法

科学数据共享能更好地体现数据的价值、作用和效益,促进多领域科学研究的发展(孙九林,2003;诸云强等,2010)。一般的数据共享方式包括:利用外部设备进行数据存储、复制和迁移的直接共享方式;网络环境下基于数据标准化的数据共享服务;基于数据共享平台共享方式。

1) 直接共享方式

云存储技术并未通用之前,研究人员使用外部设备(如移动硬盘、磁盘、光盘等)进行数据存储、复制和迁移的方式是最基础的数据共享方式之一。随着网络技术的突破,基于云存储的共享策略开始发展,在网络环境下利用相关技术和平台存储和获取数据逐渐成为基础方法之一,如百度云盘、GitHub、Google Drive 等(韩同欣和丁建元,2014)。该方法支持基于云的静态数据存储与下载,但易受网络传输的影响,难以满足地理模型应用过程中动态数据处理和数据表示等需求(兰振旭,2021)。

2) 标准化共享模式

由于模型数据可以由多源异构地理分析模型定义并产生,地理模型的丰富度和多样性使得模型数据也具有丰富多样以及多源异构的特点,如各种自定义模型数据文件,包括带有火灾动力学模拟模型 FDS 后缀的自定义数据文件,带有 INP 后缀的动态降雨–径流模拟模型 SWMM(Storm Water Management Model)自定义数据文件(McGrattan et al.,2013)。因此,基于数据标准化的数据共享服务,多源异构数据在统一的标准下进行共享是模型数据共享的有效方式之一。现有的数据标准化方法主要可分为以下几种基本方法:①基于公开格式的方法,如美国 ESRI 公司的 e00 格式,美国 Autodesk 公司的 DXF 格式,美国 MapInfo 公司的 MIF/MID 格式(张立亭等,2006;李东等,2009;张垒和李岩,2009;姚宜斌和孔建,2011)。②基于国家标准格式的方法,如美国的空间数据转换标准(Spatial Data Transfer Standard,SDTS);澳大利亚的空间数据转换标准(Australian Spatial Data Transfer Standard,ASDTS);英国国家测绘局 Ordnance Survey 使用的地理空间数据交换格式(Ordnance Survey National Transfer Format,OS NTF);我国的国家标准地球空间数据交换格式(Chinese National Geo-spatial Data Transfer Format,CNSDTF)等数据转换标准。③直接读取的方法,如加拿大 Safe Software 公司的 FME 和中国 SuperMap 公司的 SIMS 等(陈影等,2007;王康,2011;叶亚琴等,2012)。④数据互操作方式,源于 OGC 制定的一系列规范,如 SFS、WMS、

WFS、GML等,以解决异构空间数据的互操作问题;在此种模式下,所有软件都以GML为基础制定地理空间数据通用接口,以便数据客户的访问、处理(Rancourt,2001;Miao et al.,2009;张书亮等,2010)。此外,其他诸多学者针对地理数据在格式转换、模式转换等方面也进行了相关研究(邬伦和张毅,2002;陈泽民,2004;谭喜成和边馥苓,2005)。基于这些标准的数据共享可以很好地满足空间信息领域的数据共享需求。

3）数据共享平台

自2001年底启动建设"科学数据共享工程"以来,已有许多专家学者和机构先后建设了多个不同领域的科学数据共享平台,如国家地球系统科学数据中心共享服务平台、国家林业和草原科学数据中心、国家人口健康科学数据中心等。国外,以HydroShare、Figshare等为代表的数据共享平台的发展也如火如荼。HydroShare是一个在线协作系统平台,专为水文数据和模型的开放共享而开发(Tarboton et al.,2014)。Figshare是一个基于云计算技术的在线数据知识库,科研人员可以保存和分享他们的研究成果,包括数据、图像、视频、海报和代码等。尽管这些数据共享平台可以支撑数据的获取,但不能支持模型应用中对数据的按需获取以及在线调用。

### 3.4.3　开放式环境下模型数据共享的展望

在开放式地理建模与模拟背景下,地理模型分布式应用是解决复杂地理问题的重要方式,而地理模型分布式应用依赖于多源异构数据资源的支持。尽管现有的数据资源共享解决方案能够在一定程度上满足跨学科地理模型分布式应用的数据资源需求,但是面向网络环境下地理模型应用的数据需求,目前研究仍有需要改进的空间。总的来说,局限性主要体现在几个方面:①在地理模型集成应用中,目前的研究大多集中在地理模型服务的封装、发布和调用的过程,对支持地理模型分布式应用数据依赖方面的研究尚且不足。因此,如何在开放的网络环境中向模型应用部署、调度分散且多源异构的数据资源服务,以满足地理模型分布式应用对数据传输、处理和表达的需求,是解决复杂综合地理问题的关键。②现有服务环境下的数据资源共享方法更多关注于信息资源服务共享,仍未关注地理模型分布式应用中数据资源重用的需求,对于地理模型分布式应用中数据资源共享重用能力的有序积累实现仍缺乏考虑。③由于地理分析模型数据多源异构的特性,模型与模型数据之间仍存在"适配壁垒",导致很多数据资源无法被直接使用,数据处理、转换过程都需要由研究者自己完成,难以实现模型-模型数据的高效联通。

　　因此,在开放式环境的数据资源需求背景下,构建支持地理模型集成应用的数据共享方法势在必行。基于此,未来研究仍需要有效减小数据准备工作的复杂性,大幅提高数据利用效率,支撑复杂地理问题的求解。

# 参 考 文 献

陈红燕. 2015. C/C++组件式地理分析模型的自动化封装方法研究. 南京师范大学硕士研究生学位论文.

陈影,程耀东,闫浩文. 2007. 利用 FME 进行 GIS 数据的无损转换. 测绘科学, 32(2): 75-77.

陈泽民. 2004. 中国矢量数据交换格式的应用研究. 武汉大学学报(信息科学版), 29(5): 452-456.

傅伯杰. 2017. 地理学:从知识、科学到决策. 地理学报, 72 (11): 1923-1932.

韩同欣,丁建元. 2014. 基于云盘技术的文档数据共享系统设计. 中国科技信息, (21): 91-92.

何亚文,杨晓梅,杜云艳,孙晓宇. 2013. 极地海冰-海洋参数遥感反演模型分布式共享研究. 地球信息科学学报, (2): 55-62.

胡迪. 2012. 地理模型的服务化封装方法研究. 南京师范大学博士研究生学位论文.

兰振旭. 2021. 面向地理模型分布式应用的数据资源就地共享方法研究. 南京师范大学硕士研究生学位论文.

李东,谢芳勇,叶友. 2009. WebGIS 应用中 MapInfo 文件到 SVG 的转换. 计算机应用研究, 26(1): 175-178.

李天宇. 2013. 分布式网络环境下地理模型就地共享关键技术研究. 南京师范大学硕士研究生学位论文.

李相育,钱宇. 2007. 基于 Web 服务的 Matlab 功能封装模型. 计算机工程与设计, 28(20): 5021-5023, 5038.

李小龙. 2009. 基于 Web Service 的地理信息共享与互操作技术. 昆明理工大学硕士研究生学位论文.

林珲,黄凤茹,闾国年. 2009. 虚拟地理环境研究的兴起与实验地理学新方向. 地理学报, 64(1): 7-20.

刘惠颖. 2005. 基于组件的实时信息发布系统的研究与实现. 华北电力大学(河北)硕士研究生学位论文.

闾国年. 2011. 地理分析导向的虚拟地理环境:框架、结构与功能. 中国科学:地球科学, 41(4): 549-561.

闾国年,张书亮,王永君,陶陶,兰小机,等. 2007. 地理信息共享技术. 北京:科学出版社.

孙荣胜,徐天鹏. 2003. Web 服务与 CORBA, DCOM 三种分布式计算模型的互操作性. 江南大学学报:自然科学版, 2(1): 28-31.

孙九林. 2003. 科学数据资源与共享. 中国基础科学, (1):32-35.

谭喜成, 边馥苓. 2005. 基于 GML 模式转换的异构空间数据集成. 测绘信息与工程, 30(4): 30-32.

谭羽丰. 2018. Linux 平台下地理分析模型服务化封装方法与部署策略研究. 南京师范大学硕士研究生学位论文.

汪小林, 邓浩, 王海波, 等. 2011. Fortran 地理模型的拆分与服务化封装. 计算机科学与探索, 5(5): 221-228.

王光谦, 李铁健. 2009. 流域泥沙动力学模型. 北京:中国水利水电出版社.

王惠林, 南卓铜, 刘勇. 2006. CLIPS 在黑河水文水资源决策支持系统中的集成研究. 遥感技术与应用, (4):91-94.

王康. 2011. 地理信息共享平台及其关键技术的研究与应用. 广东工业大学硕士研究生学位论文.

邬伦, 张毅. 2002. 分布式多空间数据库系统的集成技术. 地理学与国土研究, 18(2): 6-10.

吴国雄, 郑度, 尹伟伦, 南志标, 傅伯杰, 于贵瑞, 夏军, 刘炯天, 高学民, 王凤鸣, 宋长青, 段晓男, 刘刚. 2020. 专家笔谈:多学科融合视角下的自然资源要素综合观测体系构建. 资源科学, 42(10): 1839-1848.

夏军. 2002. 水文非线性系统理论与方法. 武汉: 武汉大学出版社.

姚宜斌, 孔建. 2011. 基于 DXF 文件的图件转换方法研究及程序实现. 大地测量与地球动力学, 31(1): 117-122.

叶亚琴, 沈露雯, 周顺平, 陈波. 2012. SIMS 的 MySQL 数据库引擎技术的探讨. 测绘科学, 37(6): 113-114.

张丰源. 2021. 地理分析模型的服务化共享与复用方法研究. 南京师范大学博士研究生学位论文.

张垒, 李岩. 2009. ARC E00 向 GML 数据格式转换无损性的研究. 测绘科学, 34(6): 175-177,174.

张立亭, 祝国瑞, 周世健, 陈竹安. 2006. 不同空间数据格式的数据量实验研究. 武汉大学学报(信息科学版), 31(7):649-652.

张书亮, 孙玉婷, 闾国年. 2010. GML 存储方法分析研究. 测绘科学, 35(6): 194-196.

周成虎, 欧阳, 马廷. 2009. 地理格网模型研究进展. 地理科学进展, 28(5): 657-662.

诸云强, 孙九林, 廖顺宝, 杨雅萍, 朱华忠, 王卷乐, 冯敏, 宋佳, 杜佳. 2010. 地球系统科学数据共享研究与实践. 地球信息科学学报, 12(1): 1-8.

Argent, R.M., Voinov, A., Maxwell, T., Cuddy, S.M., Rahman, J.M., Seaton, S., Vertessy, R. A., Braddock, R. D. 2006. Comparing modelling frameworks—A workshop approach. *Environmental Modelling & Software*, 21(7): 895-910.

Ascough II, J.C., David, O., Krause, P., Fink, M., Kralisch, S., Kipka, H., Wetzel, M. 2010. Integrated agricultural system modeling using OMS 3: Component driven stream flow and nutrient dynamics simulations. International Congress on Environmental Modelling and Software, Ottawa, Canada.

Belete, G. F., Voinov, A., Morales, J. 2017a. Designing the distributed model integration framework—DMIF. *Environmental Modelling & Software*, 94: 112-126.

Belete, G.F., Voinov, A., Laniak, G.F. 2017b. An overview of the model integration process: From pre-integration assessment to testing. *Environmental Modelling & Software*, 87: 49–63.

Belete, G. F., Voinov, A., Morales, J. 2017c. Designing the distributed model integration framework—DMIF. *Environmental Modelling & Software*, 94: 112–126.

Buahin, C. A., Horsburgh, J. S. 2018. Advancing the Open Modeling Interface (OpenMI) for integrated water resources modeling. *Environmental Modelling & Software*, 108: 133–153.

Chen, M., Voinov, A., Ames, D.P., Kettner, A.J., Goodall, J.L., Jakeman, A.J., Barton, M. C., Harpham, Q., Cuddy, S. M., DeLuca, C., Yue, S. 2020. Position paper: Open web-distributed integrated geographic modelling and simulation to enable broader participation and applications. *Earth-Science Reviews*, 207: 103223.

Crosier, S.J., Goodchild, M.F., Hill, L.L., Smith, T.R. 2003. Developing an infrastructure for sharing environmental models. *Environment and Planning B: Planning and Design*, 30(4): 487–501.

Dolk, D.R., Kottemann, J.E. 1993. Model integration and a theory of models. *Decision Support Systems*, 9(1): 51–63.

Fotheringham, A. S., O'Kelly, M. E. 1989. *Spatial Interaction Models: Formulations and Applications*. Dordrecht: Kluwer Academic Publishers.

Goodall, J.L., Robinson, B.F., Castronova, A.M. 2011. Modeling water resource systems using a service-oriented computing paradigm. *Environmental Modelling & Software*, 26: 573–582.

Granell, C., Schade, S., Ostländer, N. 2013. Seeing the forest through the trees: A review of integrated environmental modelling tools. *Computers, Environment and Urban Systems*, 41: 136–150.

Gregersen, J.B., Gijsbers, P.J.A., Westen, S.J.P. 2007. OpenMI: Open modelling interface. *Journal of Hydroinformatics*, 9(3): 175–191.

Janssen, M.A., Alessa, L.N.I., Barton, M., Bergin, S., Lee, A. 2008. Towards a community framework for agent-based modelling. *Journal of Artificial Societies and Social Simulation*, 11 (2): 6.

Jiang, P., Elag, M., Kumar, P., Peckham, S.D., Marini, L., Rui, L. 2017. A service-oriented architecture for coupling Web service models using the Basic Model Interface (BMI). *Environmental Modelling & Software*, 92: 107–118.

Laniak, G.F., Olchin, G., Goodall, J., Voinov, A., Hill, M., Glynn, P., Whelan, G., Geller, G., Quinn, N., Blind, M., Peckham, S. 2013. Integrated environmental modeling: A vision and roadmap for the future. *Environmental Modelling & Software*, 39: 3–23.

Lin, H., Chen, M., Lu, G. 2013a. Virtual geographic environment: A workspace for computer-aided geographic experiments. *Annals of the Association of American Geographers*, 103(3): 465–482.

Lin, H., Chen, M., Lu, G., Zhu, Q., Gong, J., You, X., Wen, Y., Xu, B., Hu, M. 2013b. Virtual geographic environments (VGEs): A new generation of geographic analysis tool. *Earth-Science Reviews*, 126: 74–84.

Maxwell, T., Costanza, R. 1997. A language for modular spatio-temporal simulation. *Ecological Modelling*, 103(2-3): 105-113.

McGrattan, K., Hostikka, S., McDermott, R., Floyd, J., Weinschenk, C., Overholt, K. 2013. Fire dynamics simulator user's guide. *NIST Special Publication*, 1018(1):175.

Miao, L., Lu, G., Zhang, S. 2009. GML parsing technology service and its sharing platform. International Conference on Geoinformatics. Washington, DC, USA.

Peckham, S.D., Hutton, E.W.H., Norris, B. 2013. A component-based approach to integrated modeling in the geosciences: The design of CSDMS. *Computers & Geosciences*, 53: 3-12.

Piper, M., Hutton, E.W.H., Overeem, I., Syvitski, J.P. 2015. WMT:The CSDMS Web Modelling Tool. 2015 Fall Meeting, AGU, San Francisco, CA, USA, 14-18.

Rajib, M.A., Merwade, V., Kim, I.L., Zhao, L., Song, C., Zhe, S. 2016. SWATShare—A web platform for collaborative research and education through online sharing, simulation and visualization of SWAT models. *Environmental Modelling & Software*, 75: 498-512.

Rancourt, M. 2001. GML: Spatial data exchange for the internet age. New Brunswick: Department of Geodesy and Geomatics Engineering, University of New Brunswick.

Tarboton, D.G., Idaszak, R., Horsburgh, J.S., Heard, J., Ames, D., Goodall, J.L., Band, L., Merwade, V., Couch, A., Arrigo, J., Hooper, R. 2014. HydroShare: Advancing collaboration through hydrologic data and model sharing. International Congress on Environmental Modelling and Software, San Diego, CA, USA.

Wen, Y., Chen, M., Lu, G., et al. 2013. Prototyping an open environment for sharing geographical analysis models on cloud computing platform. *International Journal of Digital Earth*, 6(4): 356-382.

Wen, Y., Chen, M., Yue, S., Zheng, P., Peng, G., Lu, G. 2017. A model-service deployment strategy for collaboratively sharing geo-analysis models in an open web environment. *International Journal of Digital Earth*, 10(4): 405-425.

Yang, C., Goodchild, M., Huang, Q., Nebert, D., Raskin, R., Xu, Y., Bambacus, M., Fay, D. 2011. Spatial cloud computing: How can the geospatial sciences use and help shape cloud computing? *International Journal of Digital Earth*, 4(4): 305-329.

Yue, S., Wen, Y., Chen, M., Lu, G., Hu, D., Zhang, F. 2015. A data description model for reusing, sharing and integrating geo-analysis models. *Environmental Earth Sciences*, 74(10): 7081-7099.

Yue, S., Chen, M., Wen, Y., Lu, G. 2016. Service-oriented model-encapsulation strategy for sharing and integrating heterogeneous geo-analysis models in an open web environment. *ISPRS Journal of Photogrammetry and Remote Sensing*, 114: 258-273.

Zhao, P., Foerster, T., Yue, P. 2012. The geoprocessing web. *Computers & Geosciences*, 47: 3-12.

Zhao, Y.Y., Liu, X.F., Mao, J.H., Yang, X.L., Wang, H.R. 2013. 52° North WPS and its Application in Fire Emergency Response. Advanced Materials Research. Trans Tech Publications Ltd, 760: 1748-1752.

# 第4章

# 开放式地理分析模型建模方法

## 4.1 开放式地理建模方法

### 4.1.1 从传统建模到开放式建模

随着地理学相关理论方法、数据采集手段以及计算机技术等的发展,地理学研究经历了从定性分析向定量研究的转变。地理分析模型作为地理现象和地理过程的定量化模拟、分析、预测的重要工具,已逐渐成为现代地理学研究的重要科研资源。长期以来,来自世界各地、不同组织机构的地理工作者,围绕特定的地理问题,开展了一系列地理建模研究活动。以水文研究领域为例,对流域产汇流过程进行建模,研究流域产流、汇流的机制;对城市暴雨期间排水系统进行建模与动态模拟,研究城市管网系统的规划、设计和运行管理;对森林水文过程(林冠截留、流域径流、林地土壤水分运动、林地蒸散发、水质)进行建模与模拟,预测未来森林水文情况的发展趋势或者补充历史残缺的森林水文资料。由此,出现了大量地理分析模型,例如,用于模拟水文过程的新安江模型、萨克拉门托(Sacramento)模型、水箱(Tank)模型、SWAT 模型、SWMM 模型、STORM 模型、VIC 模型、沃林福特(Wallinford)模型等,用于模拟土壤侵蚀的 RUSLE 模型、WEPS 模型等,用于模拟大气与气候的 WRF 模型、CMAQ 模型等,以及用于模拟作物生长的 WOFOST 模型、BACROS 模型等。这些领域模型经过多年的深度应用与迭代更新,已成为地理学研究的重要科研工具。

然而,地理系统是一个复杂的巨系统,涉及地质、地貌、气候、水文、土壤、植被等众多研究领域。随着地理学综合研究的深入,面向复杂地理问题求解时,单领域的地理分析模型往往不能反映复杂地理系统的全部细节,需要集成水、土、气、生等多个领域的分析模型进行集成建模。例如,研究某区域地下水开采对当地生态环境带来的影响时涉及多个地理过程,如流域陆面水文过程、地下水运动过程、植被生长过程、流域降水、蒸散发过程等,而这些地理过程可能涉及不同地理学领域范畴,需要汇聚不同领域的地理分析模型开展地理集成建模。

对于跨领域建模者协作求解复杂地理问题,通常有两种途径:①开发一个"综合"的地理分析模型;②耦合集成现有地理分析模型,构建一个"综合"的地理模拟系统。然而,由于地理系统的复杂性以及建模需求的多样性,难以开发一个"放之四海而皆准"的"综合"分析模型来满足所有的应用需求,而针对特定问题开发的"综合"模型又难以突破领域的范畴,无法适应多样化的应用需求。此外,地理分析模型的开发是一个循环往复、迭代更新的过程,维护、更新一个复杂的"综合"地理分析模型必将耗费巨大的人力和物力。例如,SWAT 模型从 20 世纪 90 年代初开发以来,经历了数十年的迭代更新,才形成了如今较为稳定的版本,而且其仍在不断的迭代更新。因此,耦合集成现有模型开展地理建模成为求解复杂地理问题较为行之有效的方法(Granell et al., 2013; Belete et al., 2017)。

从计算机的角度来看,地理分析模型是可运行于计算机中的软件程序,运行时需要模型数据和计算资源(如特定的软硬件环境)作为支撑。由于地理学各领域研究对象、研究方法以及模型开发者编程习惯存在差异,导致模型在结构、行为特征、数据接口、运行依赖环境等方面呈现多源异构特性。在地理建模研究早期实践中,面向特定的研究领域,往往通过制定一致的交互接口,来完成不同模型模块之间的耦合集成,形成了一系列集成建模框架,典型的有 ESMF(Earth System Modeling Framework)、SME(Spatial Modeling Environment)、OMS(Object Modeling System)、GeoVista、Modular Modeling System、XgeModeling、HIME、HOME、ESRI Model Builder 等。然而,这种"集中式"的模型(模块)共享模式存在较多不足,例如,模型与数据紧密耦合,驱动模型运行需要做大量数据兼容性处理工作;依赖于特定框架体系的模型共享事实上会导致另一层次的"封闭";针对特定应用情景的模型配置、数据处理等工作难以形成有效的积累,造成科研资源的浪费。

近年来,随着 Web 技术的发展,以"集中式"为特征的模型集成模式逐渐向基于 Web 服务的共享、集成模式转变,借助 Web 服务将地理分析模型及其相关数据进行服务化共享成为研究的热点(Belete et al., 2017),并形成了一系列相关的标准和典型应用模式。例如,开放地理空间信息联盟(Open Geospatial Consortium,OGC)相继提出了 Web 地图服务(WMS)、Web 要素服务(WFS)、Web 覆盖服务(WCS)和 Web 处理服务(WPS)等(Botts et al., 2008; Granell et al., 2014)。此外,简单对象访问协议(Simple Object Access Protocol, SOAP)、Web 服务描述语言(Web Services Description Language, WSDL)和云计算也被用于地理分析模型的集成构建(Belete et al.,2017;Chen et al.,2020)。

综上所述,在开放式网络环境下,借助 Web 服务、云计算等计算机技术,集成耦合网络空间模型服务、数据服务、计算服务等模拟资源,开展分布式地理建模已成为地理建模领域的研究热点,并陆续出现了一些国际组织与研究平台。例如,OMF(Open Modeling Foundation)试图构建开放式地理建模组织联盟,关注不同建模社区科学家开放交流的最佳实践以及开放建模标准的制定;OpenGMS平台积累了大量的模拟资源(模型资源、数据资源、计算资源),旨在为地理研究者提供透明、高效、协作式的综合地理问题建模与求解平台。

### 4.1.2　传统地理建模的基本流程

当前,由于不同领域研究者在各自的研究背景、面对的研究对象、使用的研究方法、解决问题的时空尺度等方面存在差异,他们对于地理建模往往有不同的理解。

韦玉春等(2005)将地理建模过程分为 4 步(图 4.1):

①建立概念模型:明确所研究的问题,确定建模的目的和系统边界,建立系统内部要素的关系图。

②建立定量模型:将概念模型进行数量化表示。该步骤主要任务是选用适当的物理或数学方法,确定变量之间的函数关系,估计参数值,确定模拟的时间步长,运行模型,获得初步的结果。

③模型检验:包括模型验证(model verification)和模型确认(model validation)。模型验证的任务是排除在概念模型数量化过程中出现的错误,如数学公式表达错误或者计算机程序运行错误等,以确保模型的运行结果不受模型本身计算过程的影响。模型确认是指在既定问题求解上下文中,模型的运行结果是否与现实世界相吻合,其常常涉及对模型结构和变量间关系合理性的检验、

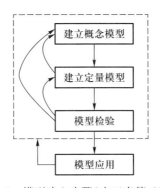

图 4.1　模型建立步骤(韦玉春等,2005)

模拟结果与观测值的比较、模型的敏感性分析(sensitivity analysis)和不确定分析(uncertainty analysis)。

④模型应用:将构建好的地理分析模型应用于具体的地理问题求解过程中,设计、执行模拟实验,分析、解译、评估模拟结果,对模型不断进行修正与改进。

吴国平等(2012)认为,地理建模过程由若干个彼此之间具有明显区别的阶段组成(图 4.2):

①问题分析阶段:主要任务是对需要建模的地理系统进行剖析,明确研究对象和研究目的,确定研究资料的来源,明确研究问题的类型(是确定型还是随机型? 是需要建模还是模拟?)等。

②模型假设阶段:主要任务是确定与所研究问题相关的因素,排除无关因素的干扰,通过假设对所研究问题进行简化,明确需要考虑因素的确切含义及其在建模过程中所起的作用,并以变量或者参数的形式进行表达。

③模型建立阶段:主要任务是利用数学工具描述问题中变量之间的关系,如比例关系、线性或非线性关系等,从而得到所研究问题的数学模型。

④模型求解和分析阶段:任务是对已经建立的数学模型进行求解。主要方法包括解方程、数值计算、逻辑运算、证明定理、空间分析等,目的是得到模型中参数的估计值,并对得到的结果进行评估,以得到最优决策或控制。

⑤模型验证阶段:任务是通过判断模拟结果与实际观测值是否吻合,来评估

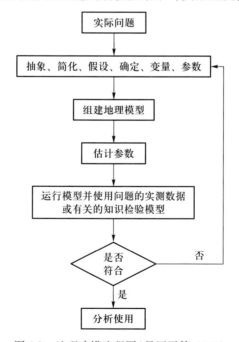

图 4.2    地理建模流程图(吴国平等,2012)

所建立的模型是否可以应用于实际问题求解。对于与实际情况不符合的模拟结果,如果确认建模过程没有问题,则需要返回到模型假设阶段,查看假设是否合理、要素选择是否恰当,并给出修正方案再重复之前的建模过程,直到建立能够符合实际观测结果的地理分析模型。

⑥模型应用阶段:即利用最终构建好的地理分析模型去解决地理系统的实际问题。

Jakeman 等(2006)通过分析异构环境模型的共性特征,对环境模型的建模过程进行了归纳总结,提出了 10 个可迭代的建模步骤(图 4.3)。通常情况下,环境模型的建模过程都至少包含以下建模过程:①确定建模目的;②建立概念模型;③确定建模方法,建立计算模型;④模拟评估等。

综上所述,尽管不同建模者对地理建模流程有不同的理解,但是大致可以看出地理建模通常包含以下几个部分:问题分析(包括建模背景、建模对象、建模目的、系统边界等)、数学模型构建(包括模型假设、参数确定与求解、模型结构

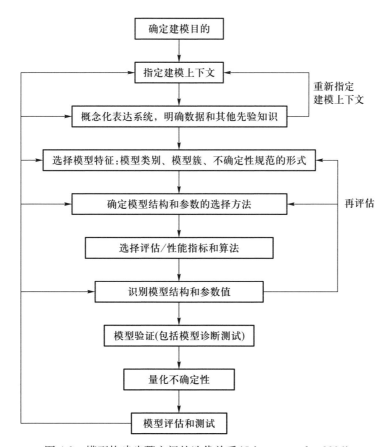

图 4.3　模型构建步骤之间的迭代关系(Jakeman et al., 2006)

确定、模型数字化表达)、计算模型构建(面向模型运行的代码实现)、模型验证与应用。各个部分环环相扣,紧密联系,循环往复,迭代完善,直至完成符合实际应用需求的地理分析模型构建。

## 4.1.3    开放式地理建模的基本流程

相较于传统地理建模,面向复杂地理问题求解的开放式地理建模面临着新的需求和挑战。从求解地理问题的内涵来看,传统地理建模活动聚焦于单一地理问题,所涉及的地理要素、地理过程大多局限于某个领域的内部个案研究,因而较容易确定要素、过程之间的相互作用机制;而复杂地理问题的求解通常涉及不同领域、过程和要素,从而导致它们之间的相互作用机制较难确定。例如,研究气候变化对流域水文过程的影响时,陆地表面既是大气研究的下垫面要素,也是水文过程的主要发生场所,但大气研究领域和陆面水文过程研究领域对"陆地表面"要素的处理方法可能截然不同。但是,梳理、明确各要素本身、过程之间的作用机制是复杂地理问题求解的前提,因而有必要在问题求解时联合多个研究领域的建模者协同分析,共同确定系统内部多要素、过程之间的作用关系。

表 4.1 对传统地理建模与开放式地理建模的问题求解领域、建模参与者、资源共享方式、建模方式等方面特征,进行了简单对比。

**表 4.1    传统地理建模与开放式地理建模对比**

| 对比的方面 | 传统地理建模 | 开放式地理建模 |
| --- | --- | --- |
| 问题求解领域 | 单领域个案研究 | 复杂问题、跨领域问题求解 |
| 建模参与者 | 个人、集中团队建模者 | 多人、开放式团队建模者 |
| 资源共享方式 | 集中式 | 分布式 |
| 建模方式 | 底层建模 | 耦合集成建模 |

从问题求解领域的角度来看,传统地理建模活动往往适用于单个研究团队,主要关注于单个领域问题的纵深研究。随着地理学综合研究的深入,地理学者所面临的复杂地理问题往往超出了单个研究团队、单个领域研究的范畴,因而集成各领域积累的专业地理分析模型,开展跨团队、跨学科、跨领域的开放式地理集成建模成为求解复杂地理问题行之有效的一种方法。

从建模参与者的角度来看,传统地理建模的参与者通常来自研究团队的内部,且彼此之间具备相似的科研背景,因此能够较为容易地开展地理建模活动;而开放式地理建模涉及的建模者往往来自不同的研究团队和研究领域,且具备不同的科研背景,因而如何支撑跨团队、跨领域建模者之间协作交流是十分重要的议题。

从建模资源共享方式的角度来看,传统地理建模活动中建模资源(如模型/模块、数据、服务器资源等)大多集中于团队、领域内部,尽管这些建模资源是可以内部"共享"的,但是对于跨团队、跨学科、跨领域的研究,这些建模资源仍旧是"封闭式"的;而在开放式地理建模活动中,建模资源分布于网络空间的各个服务器节点之中,且以服务的方式(模型服务、数据服务、计算服务等)为建模者提供一致的建模资源访问通道。这不仅可以提高建模资源的利用率,更是能够极大促进复杂问题地理建模效率的提升。

最后,从建模方式的角度来看,传统地理建模通常采用数学方法将相关地理要素进行参数化表达,并通过建立数学方程或公式来表征相应地理过程。而开放式地理建模通常基于已有模型或模块进行集成建模,通过分析复杂地理系统内部多要素、多过程的交互作用关系,梳理系统内部多要素、多过程的作用机制;根据地理问题求解的实际需求,选择合适的模型、模块与相应地理要素、地理过程进行关联,最后通过耦合集成相关模型、模块以实现复杂地理系统的模拟。

与传统地理建模的流程稍有不同,OpenGMS 将开放式地理建模与模拟分为"建模"和"模拟"两个部分,前者强调地理分析模型的构建过程,后者强调使用地理分析模型进行模拟分析、问题求解、结果评估与验证等。本章重点关注于"开放式地理建模"("地理模拟"将作为一个单独的部分进行介绍,详见第 6章),并将其划分为三个步骤:概念建模、逻辑建模和计算建模,如图 4.4 所示。

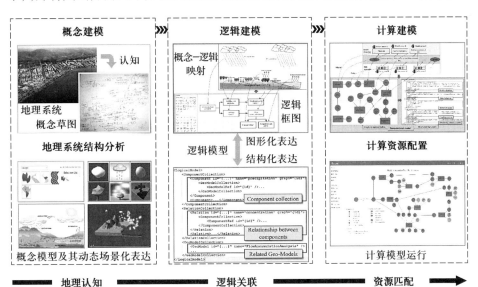

图 4.4　开放式地理建模流程

1）概念建模阶段

概念建模需要支撑不同建模者对地理系统达成共性认知以及开展形式化建模工作。跨团队、跨领域建模者对地理系统的共性认知是开放式地理建模的首要前提。不同建模者通常具备不同科研背景，即使对同一问题也可能具有不同理解，这导致彼此之间难以进行沟通与交流。以地表产流方式为例，具有地表水文过程研究背景的建模者，通常应用超渗产流、蓄满产流和部分面积超渗产流来描述地表产流过程；而具有地下水文过程研究背景的建模者则可能更加关注地面以下渗流层系统对地表产流的贡献（Rubin，2003；王书功，2010）。这种认知的差异使得建模者难以达成对地理系统的共性认知，从而难以开展后续模型构建工作。概念建模作为开放式地理建模的第一个步骤，其主要解决的是跨领域研究者对地理系统认知的表达与交流问题，如地理系统中有哪些地理要素，有哪些地理过程，地理要素的演化过程如何，要素之间的作用关系如何，多要素、多过程之间的作用机制如何，等等。

2）逻辑建模阶段

概念建模主要从认知的角度理解地理系统，而逻辑建模主要从模块化建模的角度解构现实地理系统。概念建模梳理了地理系统内部要素、过程及其相互之间的作用关系、演化过程等，使得不同建模者在概念层次对现实地理系统有了共性的认知。而如何选择合适的模型模块对地理系统内部要素、过程进行表达，如何耦合集成这些模型模块对地理系统内部的作用机制进行表达，是逻辑建模过程中亟需解决的问题。例如，研究某流域的水文过程（降水、植被截留、蒸散发、地表径流、下渗、地下径流等），概念建模通常是对这些过程涉及的要素、发生的空间位置、彼此之间的关联关系进行概念层次的表达，是对现实地理系统内部作用机制的简化抽象表达；而逻辑建模是在此基础上，从建模原理的角度对现实地理系统中的要素、过程及其相互作用关系进行逻辑抽象。例如，将某区域的水文过程分为陆面水文过程和水面过程两个阶段（这种划分是根据问题求解的需要，从建模原理的角度进行划分，体现了建模逻辑的表达）；其中，陆面水文过程是对产流及坡面汇流相关过程的表达，该过程决定了流域内主河道的水、沙、营养物质和化学物质等输入量，其影响因素可能包括气候因素、水文因素、植被覆盖等；水面过程是对河道汇流相关过程的表达，该过程决定水、沙等物质从河网向流域出口的输移过程，其主要包括主河道（河段）汇流（水、泥沙、营养物质、有机化学物质等的运移过程）和水库汇流（入流、出流、降水、蒸发和渗漏等过程）等。可以看出，逻辑建模不再是对现实地理系统在概念层次的描述，而更多的是从建模原理的角度对相关的地理过程进行逻辑抽象表达。对于每一个相关过程,在逻辑建模过程中需要选择相关的模型模块对其进行表达,如根据求解问题的需要,可能选择 SWAT 模型中的陆表水文过程相关模块以及选择 GMS（Groundwater Modeling System）模型中地下水文过程的相关模块对相应水文过程进行表达,并根据模块之间的逻辑关系进行耦合集成。

3）计算建模阶段

计算建模的任务就是将逻辑建模的结果转换为可运行的计算模型。在开放式网络环境下,模型资源、数据资源、计算资源通常以服务的方式提供,且分散在网络空间不同的服务节点中。为了构建可运行的计算模型,需要选择合适的模型服务实例以及与之相匹配的数据服务,并为模型服务实例配置相应的数据资源,最后为计算模型指定合适的计算环境（软硬件环境）,进而完成计算模型的构建。

# 4.2　概　念　建　模

## 4.2.1　概念模型与概念建模

概念是研究问题的基本认知要素。人们在认识现实世界过程中,从感性认知到理性认知,把所感知事物的共同本质特征抽象出来,并加以概括,形成概念。概念模型是利用科学的抽象方法,表达概念与概念之间关系和影响方式的模型。在地理概念建模过程中,概念模型反映了建模者对现实地理系统的认知,用来抽象描述地理系统中要素的组成、要素间的关系及其演化过程等。它是现实地理世界到信息地理世界的第一层抽象,一般运用语言、符号和图形等形式对现实地理系统信息进行抽象和简化。开放式地理建模最终要构建能够对现实地理系统进行模拟的计算模型,即将现实地理系统内部要素、过程间的作用机制映射到计算机中进行模拟。而概念模型就是将现实地理世界映射到信息地理世界的第一步。

概念建模需要将隐匿于脑海中对建模系统的认知进行抽象化表达,并借助概念模型进行呈现。地理学研究早期,建模者在进行地理建模时通常习惯以绘制草图的方式或是仅仅依靠在大脑中构思对地理系统的理解来建立概念模型（陈旻等,2009）;对于已建立的地理分析模型,建模者的建模思想通常散见于电子文档、纸质书籍,甚至隐匿于地理分析模型的计算实体之中（陶虹,2008）。面向开放式地理建模的需求,这类概念建模方式仍然面临一些问题。

1）模型构建问题

概念模型是构建地理分析模型的基础，担负着指导后续建模流程、引导和约束计算模型建立的重要作用。然而，在传统地理建模活动中，由于地理建模活动通常开展于研究团队内部，概念建模这一环节在整个地理分析模型建立过程中并没得到充分的重视。传统地理概念模型构建方式较为随意、构建的概念模型产品不规范、建模成果不开放，进而导致了难以指导后续规范性建模的问题，无法适应开放式科学时代的地理建模需求。

2）建模知识共享交流问题

已有模型资源的共享是进行开放式地理建模的基本前提。当前网络环境中已经积累了大量的地理分析模型资源，然而如何高效使用这些资源对于模型使用者来说是一项挑战。地理分析模型的共享不仅仅局限于模型计算实体的共享，模型所体现的建模思想也希望得到共享，而模型概念的清晰表达是建模思想共享与交流的基础。现有的模型共享大多是模型计算实体的共享，而对于模型建模方法、建模原理等概念的共享仍缺乏关注。模型使用者通常只能通过阅读相关的模型文档来学习建模理念以及模型使用方法，需要耗费巨大的学习成本，阻碍了地理建模知识的开放与共享。

概念模型在存在形式上可以体现为建模者建模思想的形式化表达，是地理计算模型在概念层次的表达形式。一个优质的概念模型可以直观、清晰地反映地理系统内部要素、过程的作用关系，使得模型使用者借助概念模型能够快速理解模型的建模理念，而无须翻阅繁杂的模型文档，极大降低了模型使用者使用模型的难度。

3）建模成果验证问题

地理建模是一个循环往复、迭代更新的过程，建模者通常需要根据先验知识对地理系统进行计算建模，通过模型的模拟结果与实测数据进行对比来评估建模成果的有效性。然而，如果模拟的结果与实测数据相比具有较大出入，排除模型本身的误差之外，首先要考虑的就是是否采用了正确的建模理念或者建模方法；而概念模型是建模思想的直接表达介质，良好的地理概念模型组织与表达方法是及时发现建模过程中错误的关键。尤其是在面向复杂地理问题求解的开放式地理建模中，规范化的概念模型表达方式能够有效提高建模者之间沟通的效率，降低建模过程中出错的可能性，进而提高建模成果的质量。

### 4.2.2 概念建模的需求

地理概念建模是建模者对地理系统的抽象认知进行表达的过程,而建模认知的表达最终要借助相关的表达介质来完成,如概念草图、逻辑框图、概念场景等。通常,影响建模者之间认知表达与交流的因素主要包括:①表达介质能否准确表达建模者的认知;②表达介质能否实现不同科研背景建模者之间建模思想的准确传递。因而,概念建模的表达需求可以概括为两个方面:一个是对概念建模内容的表达,另一个是对概念建模形式的表达。

1) 概念建模内容上的表达需求

概念建模在内容上的表达需求是指建模者在进行概念建模时需要表达哪些建模认知,并且所使用的表达介质能否表达这些认知。从建模者认知习惯的角度,在对建模系统进行认知与理解时,一般要考虑以下问题:该系统涉及哪些地理要素,各要素在空间是如何分布的,系统中有哪些现象(过程),这些现象(过程)是如何发生的,各要素之间如何相互作用,某要素是如何演化而来的等。图 4.5 展示了对某流域典型水文过程认知的图示表达,该水文系统中主要涉及的要素有:云(分布于天空中)、植被(分布于浅层土壤)、河流(分布于地形低洼处)、地下水(分布于地表下方)、地形(分布于天空下方)等;主要水文过程有:降雨过程、植被蒸腾、地表径流、入渗等;部分水文过程之间的相互作用关系有:降雨落到地表,一部分入渗到土壤中补充地下水,一部分形成地表径流;当地下水达到田间持水量时,多余的重力水继续下渗形成地下径流。

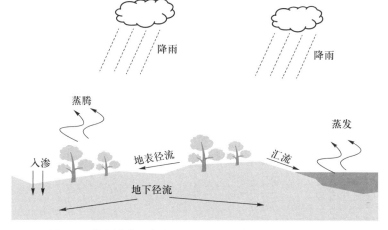

图 4.5　某流域典型水文过程的概念认知表达(王进,2021)

由此可知,建模者对地理系统的认知主要是对系统内部作用机制的认知,主要表现为对地理系统要素的时空格局、要素间相互作用关系及其演化过程的认知。其中,时空格局表示要素的时空分布情况,由于地理系统本身是一个三维的空间,所以概念建模的表达介质最好能够体现三维空间的要素分布情况,包括要素的嵌套耦合结构等。此外,地理系统是一个动态的系统,要素间的相互作用是一个不断演化的动态过程,所以理想状况下表达介质还需要能够表达要素间的这种动态相互作用过程。

### 2) 概念建模形式上的表达需求

概念建模在形式上的表达需求是指概念建模的形式载体要能够支持不同建模者之间认知的表达与交流。概念建模过程中建模认知表达与交流通常表现为两种模式:一种是建模认知的传递,另一种是新的建模认知形成。

### (1) 建模认知的传递

如图 4.6 所示,由于建模者 1 和建模者 2 研究领域的差异性,建模者 2 可能无法独自分析地理系统中的相关现象(过程)。建模者 1 通过对地理系统的现象观察、认知分析,得出对该系统的建模认知;则可借助相关的表达介质,对建模认知进行形式化表达,从而使得建模者 2 也能理解地理系统中的相关过程。这就实现了建模者 1 将其对地理系统的认知传递给了建模者 2,以支撑两者之间的后续交流。

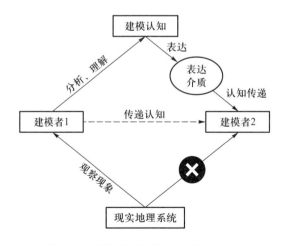

图 4.6    建模认知的传递(王进,2021)

（2）新的建模认知形成

如图 4.7 所示,建模者 1 和建模者 2 通过观察、分析地理系统,都产生了自己的理解,则他们可以借助相关的表达介质同时表达他们的建模认知,使得两者可以相互交流,从而可能产生对地理系统的新认知。这同时也体现了建模者 1 和建模者 2 之间的思想交流。

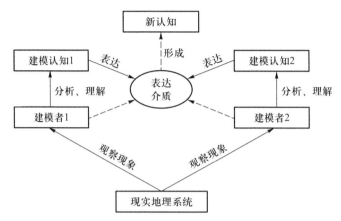

图 4.7　新的建模认知形成（王进,2021）

实线表示"建模者 1"和"建模者 2"实现认知表达与交流的过程;虚线
表示"建模者 1"和"建模者 2"可以通过"表达介质"形成"新认知"

综上,无论是建模认知的传递还是新建模认知的形成都涉及不同建模者之间沟通与交流的问题,因而有必要探索一种形式化与形象化兼备的概念建模方法,一方面能够将建模认知的内容以形式化的手段组织起来,方便认知的表达;另一方面能够将认知的内容以形象化的手段可视化表达出来,方便建模者之间的认知交流。此外,概念建模方法要提供一种较为通用的方式,以满足不同建模者的认知表达与交流需求。

### 4.2.3　概念建模方法

为了能够让来自不同团队、不同领域的建模者都能够方便地理解与交流彼此的建模思想,概念建模方法通常选择普适性的、较为直观的表达形式,如概念草图、语义图标、可视化场景等。

1）基于概念草图的概念建模方法

地理学研究早期主要关注单个问题的纵深研究,地理建模活动通常开展于团队或者领域内部。由于建模者都具有相似的科研背景,因而概念建模辅助沟通的作用没有得到应有的重视。在这样的背景下,建模者经常在脑海中或者在纸上采用绘制概念草图的方式来表达与交流建模思想。尽管这种方式很便捷,但是由于缺乏规范化的概念草图绘制流程,使得概念建模的成果往往散落于离散的文档,不利于建模思想的有效积累与传递,尤其给协作建模带来了挑战。另外,基于草图的概念建模方式,一般采用框图表达地理要素,采用框图基元之间的连线表达要素之间的关系,尽管这种方式能在一定程度上表达地理系统的内部结构,但过于抽象,协作建模者之间仍难以相互理解建模思想。

2)基于图标的可视化概念建模方法

可视化概念建模方法具有直观、易用的特点,是最常用的概念建模方法。基于图标的可视化概念建模方法,其基本出发点是使用 E-R(实体-关系)模型来表达建模者对地理系统的认知,最终构建完成基于图标的可视化概念图,并以此作为地理系统概念认知的表达介质(Chen et al.,2011;陶虹,2008)。可视化概念图包含以下基本要素。

(1)二维构图空间

概念模型通过平面的二维构图空间来提供一定的空间抽象,包括各个要素、分层、分组的空间位置,以及图文装饰与图例说明区的划分布局等。

(2)基本的图形要素

基本的图形要素包括点、直线、方框,以及文字等。在构建概念图时,这些图形既可以作为概念图的装饰,辅助概念图的表达,也可以绑定某个地理概念实体类或属性类别,成为具有实际意义的概念元素。

(3)概念资源

概念资源是对地理要素、实体及其相关地理过程的名词解释、语义表达、概念图示等的总称。确定清晰的概念表达是概念模型构建的基础,充分利用已有的概念资源既能够减少概念模型构建的工作量,又可提高概念模型表达的准确性。概念资源的组织与利用是构建可视化概念图的基础之一,可以应用在概念图标构建、概念模型表达中,具有概念解释以及概念模型构建引导等诸多方面的作用。

(4)概念图标与概念实体

概念图标是已经制作好的具有明确概念含义的图形要素。它是可视化概念图构建的基本要素,也是连接可视化图形与形式化概念的纽带。将概念图标绘制在可视化概念图中,构建而成的相应模型实体,称作概念实体,可以表达实体的抽象含义。

（5）关系连线与关系

关系连线通过连线的头部与尾部标示了具有某种关系的两个概念图标,连线上的箭头指示了关系的方向。同时,关系可以附加概念说明,用以描述关系的细节情况。

图 4.8 展示了基于图标的可视化概念建模基本流程:

①建模资源准备:通过收集相关的概念资源(如地理实体、地理过程的名词解释、语义描述、图示表达等),构建可扩展的概念资源库,通常这些资源来自网络、地理学辞典、维基百科等;通过搜集相关的图标资源,并关联相关的概念,形成概念图标。

②可视化概念图构建阶段:在布局引擎的约束下,通过摆放图标的位置,完成概念图的布局构建,如"太阳"必须放在"地形"的上方;在概念库的引导下,完成概念图标之间的关系表达,如"云"概念图标指向"湖泊"图标的箭头表示"降雨"从"云"的位置落到"湖泊"中。

③概念模型生成:将可视化的概念图生成形式化的概念模型文档,附加相关的概念资源,形成概念模型。

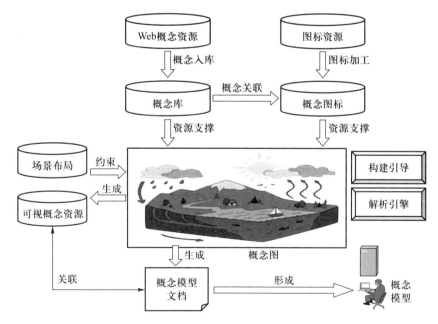

图 4.8　基于图标的可视化概念建模方法(陶虹,2008)

3）基于场景的概念建模方法

基于场景的概念建模方法旨在对地理系统要素、过程的时空格局、相互作用关系及其动态演化过程等进行场景化全方位表达，以充分表达建模者对现实地理系统的认知。表 4.2 展示了其与基于图标的概念建模方法的对比。

表 4.2    基于图标的概念建模方法与基于场景的概念建模方法对比

| 对比的方面 | 基于图标的概念建模 | 基于场景的概念建模 |
| --- | --- | --- |
| 表达空间 | 二维平面空间 | 三维立体空间 |
| 表达形式 | 概念图 | 概念场景 |
| 表达方式 | 静态关系表达 | 动态过程表达 |

概念建模场景是指在一定时空范围内各种建模要素相互关联、相互作用所构成的服务于概念建模目的的地理系统概念认知表达载体（王进，2021），包含时间、空间、人物、事物、事件、现象六个要素。

（1）时间、空间——时空框架

时间和空间确定了概念建模场景的基本时空框架。时间反映了地理事物发生、发展、消亡的过程性特征，如事物在某个时刻的状态、事物在某个时间段的变化趋势以及事物的周期性特征等。空间为地理事物的整个生命周期提供了发生的场所。

（2）人物、事物——主体要素

人物和事物是概念建模场景的主体要素。人物一般泛指有生命的人、动物和生物。事物是指客观建模系统中规则的（如人工林）、不规则的（如河流）、可见的（如天空中的云）、不可见的（如无形的风）、离散的（如散落分布的村庄）、连续的（如高低起伏的地形）对象实体。

（3）事件、现象——表达要素

事件和现象是概念建模场景的特征表达要素。通常，事件是指可以产生一定社会意义或者对人群产生一定影响的事情。现象是指事物发生、发展过程中所表现出来的外部形式。事件强调了对人群产生特定程度的影响，而现象强调的是事物发展过程的客观呈现。例如泥石流灾害，如果在自然环境中没有对人类产生任何影响，则可以认为是自然地理现象；但是如果对人类造成了重大的经济损失，则被看作重大事件。

　　概念建模场景构建的基本思想是在时空框架约束下,通过将概念建模场景的主体要素(人物和事物)和表达要素(事件和现象)"封装"到一个"组件"中,通过概念组件的组合嵌套完成概念建模场景的构建,形成概念模型。

　　概念建模场景的构建过程就是建模者的建模认知表达过程。图4.9 展示了概念建模场景的构建框架。在概念建模过程中,建模者可将其对现实地理系统的抽象认知映射到概念建模场景的表达框架之中,即当前概念建模是在何种时空尺度下进行的(如以季节为时间尺度单位,研究大尺度流域内水文循环过程)、涉及哪些地理事物(如太阳、云、下垫面、树)、发生了哪些现象(如降雨、蒸腾、蒸散发)。接着就可以设计相应的概念组件(如"树"概念组件、"云"概念组件)对场景中的主体要素和表达要素分别进行表达。

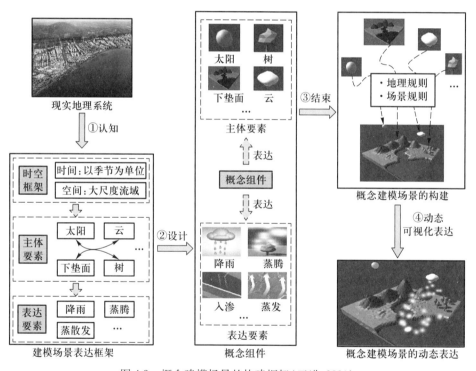

图 4.9　概念建模场景的构建框架(王进,2021)

　　同时,一个有效的概念建模场景还应该遵循特定的约束规则,这些规则反映了建模者对于建模问题和建模系统的认知和理解。概念组件被设计为概念场景构建的基本单元,在场景的构建过程中,它们需要根据建模需求匹配特定的约束规则。例如,某区域的夏季风向为自西向东,则在场景构建过程中需要制定相应的规则来约束这种方向性关系。约束规则分为两类:场景规则和地理规则。场景规则是约束当前场景构建的规则,如在当前场景中,"农田"概念组件距离"河流"概念组件必须小于100 m;地理规则往往表示一般的地理规律,如"云朵"概念组件不能出现在"河流"概念组件之中。这些规则(尤其是场景规则)的制定有助于建模者对未知事物的理解与交流。例如,研究地下水的建模者可以设计一系列规则来说明土壤的分层结构,以及水是如何进入和离开这种分层结构的。此外,场景的构建规则使得概念场景的相关语义信息可以被明确表达,借助概念建模场景的规范化描述手段,使得建模者之间能够进行良好的沟通。

概念建模场景的动态表达是相关地理系统内部要素相互作用机制的可视化呈现,是不同建模者理解建模系统的一种直观方式。通过设计概念组件之间的交互规则,借助计算机领域常用的动画实现方式(如帧动画、算法动画、粒子系统等),可以实现概念建模场景的动态表达。

# 4.3　逻 辑 建 模

## 4.3.1　逻辑模型与逻辑建模

逻辑是指思维的规律和规则,是对思维过程的抽象。逻辑模型是逻辑思维的产物,反映了事物之间的逻辑结构和逻辑关系。概念建模是在概念认知层次分析系统内部要素、过程及其相互作用关系,而逻辑建模是在此基础上进一步抽象,分析地理要素、过程及其关系的建模方法,目的是构建地理系统内部作用机制的概念表达到计算机模拟实现之间的桥梁。

逻辑建模主要完成的任务有以下两个。

逻辑组件的抽象:在概念建模过程中,认知的对象主要是地理要素、过程及其相互作用关系,而逻辑建模是在此基础上,从问题求解的角度对地理系统内部相关过程的抽象描述、建模方法、求解步骤等进行逻辑抽象,逻辑组件就是此抽象过程中描述事物及其相关关系的要素。例如,在对一个流域水文循环过程进行概念建模时,通过概念组件将相关地理实体(如云、地面、植被、湖泊等)、水文过程(如降雨、植被截留、地表径流等)进行概念表达,而逻辑建模需要从问题求解的逻辑思路考虑将该流域的水文过程划分为陆面水文循环和水文过程演算两个部分,且各部分又可以继续划分为若干个子过程进行求解,如陆面水文循环包括子流域划分、陆面过程演算、河道演算等,水文过程演算包括湖泊演算、池塘演算、水库演算等。在这个过程中,不同的演算过程便可以抽象成对应的逻辑组件。

逻辑组件与计算模型的绑定:由于在逻辑建模过程中就需要确定所使用的建模方法,如在流域水文过程建模时,计算水流方向的算法有很多,如D8

（O'Callaghan and Mark，1984）、Rho8（Fairfield and Leymarie，1991）、FD8（Freeman，1991）、FRho8（Quinn et al.，1991）等，那么在特定问题求解的逻辑建模过程中，就需要指出具体使用哪种算法，而该算法对应的模型模块就需要与对应的逻辑组件相绑定，以支撑后续计算建模的实施。

逻辑建模的工具主要有两种：层次模型和网状模型。

（1）层次模型

层次模型按照层次结构进行组织，一般通过一棵"有向树"来表示各种类型实体之间的联系。图4.10展示了部分水文过程之间的层次组织关系。

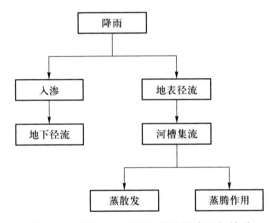

图4.10 部分水文过程之间的层次组织关系

层次模型的数据结构一般有两个特点：
- 有且只有一个节点没有双亲节点，这个节点称为根节点，如"降雨"节点就是根节点。
- 根节点以外的其他节点有且只有一个双亲节点，如"入渗"节点、"河槽集流"节点都只有一个双亲节点。

（2）网状模型

在现实世界中，事物之间的联系更多的是非层次关系的，用层次模型表示这种关系往往并不直观，而网状模型克服了这一弊端，能够清晰表示这种非层次关系。

网状模型，顾名思义就是一个事物和另外几个事物都有联系，这些联系形成了网状结构。满足下面两个条件的基本层次联系的集合为网状模型：
- 允许有一个以上的节点无双亲节点；
- 一个节点可以有多于一个的双亲节点。

网状模型取消了层次模型的两个限制,可以有两个或两个以上的节点有多个双亲节点。此时有向树变成了有向图,该有向图即描述了网状模型。图 4.11 展示了碳循环过程中各子过程的网状组织关系。

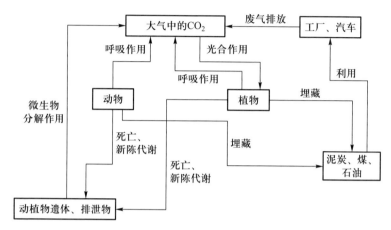

图 4.11　碳循环过程的网状组织关系

### 4.3.2　逻辑组件的抽象

逻辑组件是对概念模型中要素、过程及其相关关系进行逻辑抽象表达的单元,这种抽象过程也是为了支撑后续计算模型的构建。如图 4.12 所示,雨水降落到地面,首先会入渗到土壤中,当土壤含水量达到田间持水量时,后续的雨水会形成地表径流;入渗到土壤中的水分达到一定量时会形成地下径流,地表径流和地下径流会以汇流的方式流入河流。从图 4.12 上半部分对相关水文过程的概念图示表达中可以梳理出相关水文过程之间的逻辑关系,如图 4.12 下半部分所示,该逻辑映射关系就是逻辑建模的基础。在概念建模过程中,需要描述的是现实地理系统中的地理要素、过程之间的相互作用关系及其演化过程,当然这种描述是概念层次的抽象,真实的地理系统中发生的相关过程一般都更为复杂,如雨水落到地面之前会被植被截留,植被还会吸收部分土壤中的水分,植被还会发生蒸腾作用,浅层土壤中的水分还会发生蒸散发,等等。

在逻辑建模过程中,逻辑组件的抽象不再是对现实地理系统中的要素、过程及其作用关系进行简单的抽象描述,而是从建模原理的角度对概念模型中表达的内容进一步开展逻辑抽象表达。如图 4.13 展示了 SWAT 模型逻辑结构的图形化表达。图中将 SWAT 模拟的陆面水文过程抽象为"陆相水文循环"和"水文过程演算"两个逻辑组件(在概念建模过程中并没有达到这个层次的抽象)。其中,"陆相水文循环"组件将对流域进行子流域划分("子流域"组件),在每个

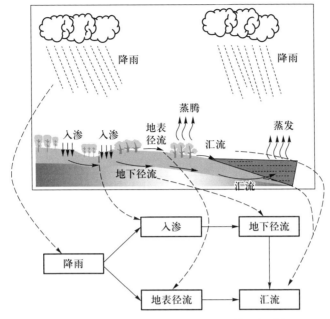

图 4.12  部分水文过程的概念图示及其逻辑映射

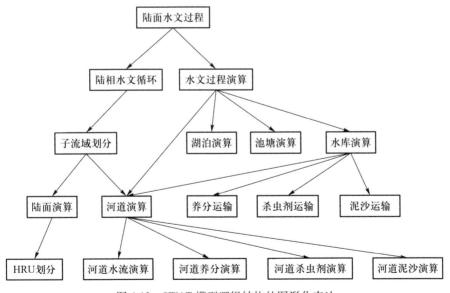

图 4.13  SWAT 模型逻辑结构的图形化表达

子流域中开展"陆面演算"和"河道演算"。"陆面演算"通过在子流域中划分水文响应单元( hydrological response unit,HRU) 来反映流域内部下垫面的差异。

其中,HRU 是指同一个子流域内有着相同土地利用类型和土壤类型的区域①。
"河道演算"又进一步分为"河道水流演算""河道养分演算""河道杀虫剂演算"
"河道泥沙演算"。同样,"水文过程演算"组件内部也需要进行逻辑化抽象与过
程划分。

由此可见,逻辑组件的抽象过程更多是面向后续计算模型的实现需求,如
SWAT 模型中的 HRU 划分的提出,就是从 SWAT 模型实现的角度来刻画流域的
空间异质性,而不再是像概念建模中那样对地理要素、过程及其相互作用关系的
简单概念认知。

### 4.3.3    逻辑组件与计算模型的绑定

由于开放式建模通常是在已有模型资源基础上进行的集成建模,因而在逻
辑模型构建好之后,就需要在其中的逻辑组件上绑定相应的计算模型(模块)。
为了便于说明,我们将 SWAT2000 模型内部计算模块进行拆解,从 SWAT2000 模
型源代码的主函数(main 函数)开始,追踪各函数之间的调用关系,将程序源码
进行模块化划分,将拆解出来的模块作为一个个独立的具备特定功能的小模型,
如子流域划分模块、HRU 划分模块等。这样,整个 SWAT 模型可以看成由多个
子模块构成的集成模型,且每个子模块之间的耦合集成关系需要符合在逻辑建
模过程中对应的逻辑组件关联关系。

图 4.14 是将 SWAT 模型的计算模块拆解开来说明逻辑组件与计算模块的
绑定关系。上半部分展示了对 SWAT 模型内部逻辑模块的图形化表达。下半部
分展示了 SWAT2000 模型内部计算模块拆解后的示意图。从图中可以看出,每
个(或多个)逻辑组件,可以与 SWAT 中对应的计算模块进行绑定,即逻辑模块
①由计算模块②实现,逻辑模块③、④、⑤由计算模块⑥实现,逻辑模块⑦、⑧由
计算模块⑨实现。即逻辑组件中表示的相关地理过程,可以用绑定的计算模块
进行模拟分析。

通常,逻辑组件与计算模块的关系是多对多的关系。用来对逻辑组件进行
计算实现的模型模块也可能有多个,如划分子流域的主要方法有:Horton 法
(Horton, 1945)、Strahler 法(Strahler, 1957)、Shreve 法(Shreve, 1966)和
Pfafstetter 法(Pfafstetter, 1989),这些算法可以被封装成不同的模型模块,根据
求解问题的需求,可以选择相关的模块与对应的逻辑组件进行关联与绑定。

---

① HRU 是建模过程中根据需要提出的概念,而在概念建模过程中并不会用到这个概念。

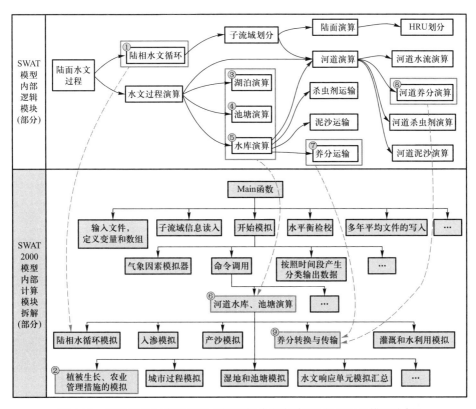

图 4.14　逻辑组件与模型模块之间的部分绑定关系(以 SWAT 模型为例)

# 4.4　计 算 建 模

## 4.4.1　计算模型与计算建模

通常,地理建模最终会构建一个可运行的计算机程序,通过输入相应的数据(如观测数据、后处理数据、输入参数等),驱动程序运行并获得模拟结果,该计算机程序在本书中称为计算模型。计算模型是逻辑模型在计算机中的实例化实现,计算模型运行的过程是对地理系统内部要素的演化过程及其相互作用关系等的动态模拟过程,其模拟结果可作为问题分析求解是否成功的关键依据。大多数情况下,地理分析模型以计算模型的形式存在。地理系统由于其内部作用机制的复杂性以及地理建模时空尺度的多变性,对计算模型实现的稳定性和运行性能具有一定的要求。

从计算模型开发语言的角度,早期计算模型大多采用 Fortran、C/C++等这类较为底层的计算机编程语言实现。一方面,地理分析模型通常是计算密集型程序,使用这些底层的编程语言可以获得较高的程序运行性能,如研究全球尺度的气候变化,通常采用基于网格的建模方法,而网格的精细程度与构建的计算模型性能直接相关,此类计算模型的实现比较适合采用这种高性能的编程语言。另一方面,地理建模通常需要编写与地理过程相对应的数学方程,而 Fortran 这类编程语言具有天然的数学公式描述能力,在数值计算、科学计算等领域具有广泛应用,著名的 SWAT 模型和 FVCOM 模型就是基于 Fortran 语言实现的。然而,该类实现方式的缺点是相关的外部资源库较为缺乏,很多的底层算法或者数据处理方法都需要程序开发者自己实现或者跨编程语言调用,进而导致计算模型的开发周期和开发难度增大;随着计算模型程序的不断完善、修复、升级,后期的维护成本也逐步增加。随着计算机硬件的发展,计算机各方面性能不断提高,一些面向对象的高级编程语言(如 Python)在计算模型的实现中也逐渐崭露头角,如基于 Python 开发的 Landlab 模型、Mosartwmpy 模型等。采用面向对象的高级编程语言具备外部资源库多、代码编写效率高、可维护性高等优点,即使其运行性能逊色于 C/C++这类偏计算机底层的编程语言,但是在计算机硬件如此发达的今天,性能损失所带来的劣势已经越来越小。

　　从计算模型运行方式的角度,计算模型一般可分为三类:

- 单机独立运行程序:即不依赖其他程序软件,可独立运行在客户机上的单机程序,这是大多数计算模型的实现方式,如 SWMM 模型、FVCOM 模型。
- 程序插件:即以第三方软件为宿主程序,计算模型自身为其插件程序,计算模型的运行必须依赖于宿主程序的执行环境。该类计算模型大多自身缺乏数据的处理、展示功能,而需要借助第三方程序来实现。例如,ArcGIS 由于其强大的空间数据处理和展示能力,常被用于作为计算模型的宿主程序,通过 ArcGIS 对外提供的插件开发接口,可开发相应的插件程序集成到 ArcGIS 平台,因此也就产生了诸如 SWAT 模型的 ArcGIS 插件、GeoSOS 模型的 ArcGIS 插件等。
- 网络化调用程序:即将计算模型实例部署在服务器上,通过对外提供调用接口,用户通过网络进行远程调用,模型在服务器上运行结束后将结果返回给用户。这种模型调用方式,无须用户准备计算模型的运行环境,只需要提供相应的输入数据,即可通过远程计算获得模拟结果,极大降低了用户使用模型的难度,因此近年来逐渐得到用户青睐。例如,OpenGMS 通过将地理分析模型进行封装、部署、发布成在线模型服务,供用户远程调用;地理空间数据云将常用的影像处理算法发布为在线服务供用户远程在线使用等。

从计算模型使用的角度,计算模型可以分为两类:

- 图形用户界面(graphical user interface,GUI)程序:该类模型程序提供可视化的图形界面,帮助用户准备模型运行的相关数据,设置模型的相关参数,可以极大降低模型的使用难度,如 SWMM 模型、基于 ArcGIS 的 SWAT 模型插件程序;
- 不带用户界面的模型程序:以 Windows 系统为例,控制台应用程序是模型开发者较常用的计算模型开发方式,模型程序运行后只显示一个控制台窗口,通常依靠控制台打印相关信息,实现模型运行交互与状态反馈。

综上,可以看出计算模型的编程语言、运行模式、运行界面特征等都呈现出异构性,而开放式地理建模的计算建模工作主要是通过集成这些单个计算模型而开展的集成建模工作。本书第 3 章已经系统介绍了地理分析模型及其相关数据在开放式网络环境中的服务化共享方法,本章的计算建模以计算模型服务(简称模型服务)、模型数据服务等为基础,将第 4.3 节中构建的地理系统逻辑模型映射为可运行的"计算模型"①。此外,计算模型的运行必须提供与之匹配的输入数据。因而,计算建模工作通常涉及模型服务实例的匹配与绑定、模型与数据之间的适配等内容。

### 4.4.2　模型服务实例匹配与绑定

在逻辑建模过程中,每个逻辑组件是相关地理要素、过程的抽象逻辑表示,需要对应的计算模型模块支撑进一步的模拟与计算。逻辑组件之间的连线或者关联关系表示地理要素与要素之间、地理要素与地理过程之间、地理过程与地理过程之间的作用关系,并且在计算层面上,需要对应计算模型模块之间的耦合集成来实现。

在计算模型的构建过程中,首要解决的就是为逻辑模型中每个逻辑组件匹配对应的模型服务实例。为了便于描述,图 4.15 展示了以构建河网提取计算模型为例的计算建模过程。整个河网提取过程被分为 6 个模型模块:

- AsciiGrid2Tiff:ASCII Grid 数据转 GeoTIFF 数据;
- FillAnalysis:填洼分析;
- FlowDirectionAnalysis:流向分析;
- FlowAccumulationAnalysis:汇流累积量分析;
- DrainageNetworkAnalysis:河网提取;
- BufferAnalysis:对河网作缓冲区分析。

---

① 此处的"计算模型"表示耦合多个单一计算模型形成的"集成计算模型",本章后文提及的计算模型均指此类模型。

在实际的计算建模过程中,这 6 个模型可能由不同的建模者开发,且发布在不同的网络服务器中对外提供模型服务。如图 4.15 所示,FillAnalysis 模型服务、FlowDirectionAnalysis 模型服务、FlowAccumulationAnalysis 模型服务分别发布在模型服务器 A、B、C 中。

图 4.15 左下部分展示的是计算模型的图形化表示方式。其中矩形图元表示模型服务实例,与之连接的圆形图元表示该模型服务对应的输入/输出数据。例如,FillAnalysis 模型服务实例具有 1 个输入数据(即 DEM)和 1 个输出数据(即 Fill);DrainageNetworkAnalysis 模型具有 2 个输入数据(即 Accumulation、ThresholdValue)和 1 个输出数据(DrainageNetwork)。同样,此处的数据资源也是分布于网络空间不同的数据服务器之中,并以数据服务的方式提供数据资源(模型数据适配将在第 4.4.3 节详细介绍)。

图 4.15 右下部分展示的是计算模型的结构化表达方式,主要记录计算模型中的模型服务集合、数据服务集合、服务器集合、模型数据匹配关系(即描述模型服务的输入/输出数据)、模型集成关系(描述模型服务之间的耦合集成关系)。

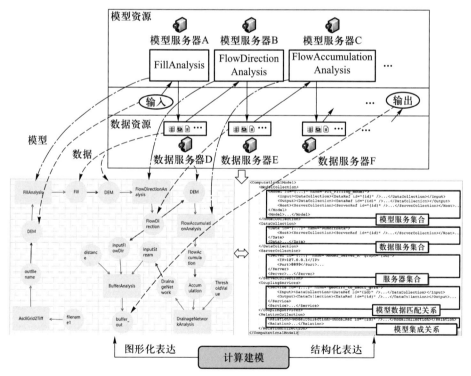

图 4.15 计算建模:以构建河网提取的计算模型为例

不同箭头线分别表示示意图与逻辑图中模型和数据之间的对应关系

对于在开放式网络空间已经存在的模型服务,建模者可以直接匹配相应的模型服务实例进行绑定。例如,图4.15所示的6个模型服务实例可以直接被绑定到对应的计算模型节点上。需要注意的是,在开放式网络环境中可能存在成百上千个同样的模型服务,它们可能由不同的建模者提供并且分布在不同的服务器上,而不同的服务器中模型服务质量可能参差不齐,例如,有的服务器带宽大、网络访问速度快,但是服务器硬件条件(如 CPU、内存、硬盘大小等)一般;而有的服务器带宽条件一般,但是服务器硬件条件好。所以在模型服务的匹配过程中,需要根据所求解地理问题的实际情况按需选择模型服务。

对于还没有发布的模型服务,建模者就需要自行发布对应的模型服务。有关模型封装、部署与服务化发布的细节在第 3 章中已经讨论,此处要讨论的是模型服务在发布时该怎样选择适合的服务器以提供质量最佳的模型服务,即计算资源适配。图4.16展示了计算资源适配的一般流程。

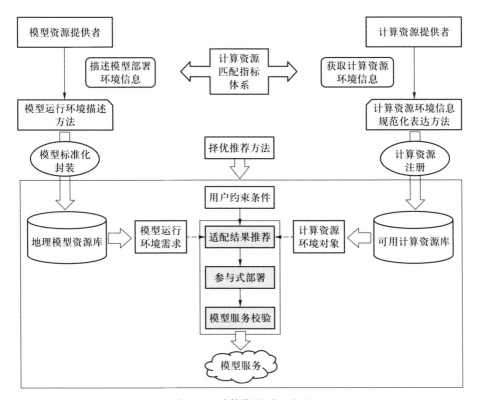

图 4.16 计算资源适配流程

模型资源提供者在进行模型封装时,需要对该模型所依赖的部署环境信息进行描述(例如,该模型依赖于 Python 运行环境、目标服务器的内存必须大于

8 GB),封装好的模型会被打包成模型部署包,存储于地理模型资源库中。计算资源提供者要想贡献自己的计算资源(如服务器),也需要对计算资源的环境信息进行描述(如软硬件环境),接着将计算资源注册到专用的服务器上,并记录在计算资源库中,这样模型资源提供者便能够发现可用的计算资源。接下来,就需要对模型与计算资源进行适配。

计算资源适配过程分为两类:

- 无约束适配:即用户(这里的用户是指为模型部署包寻找合适计算资源的建模者)不参与计算资源的适配过程,仅依靠模型资源对其依赖环境信息的描述去匹配相应的计算资源(如模型的运行环境必须安装了Python 运行环境等);
- 约束适配:即用户参与计算资源的适配过程。如用户指定必须匹配内存16 GB 以上的资源(也许 8 GB 内存就足够模型运行),则匹配算法会综合用户的匹配条件(指定 16 GB 以上内存)和模型自身的需求(指定 8 GB 以上内存)去匹配 16 GB 以上的计算资源。最后,根据匹配的计算资源列表,用户可以择优选择最佳的计算资源。

事实上,计算资源适配的实施过程其实异常复杂,需要关注很多问题,例如,按照匹配算法模型匹配不到合适的计算资源怎么办;如果某个计算资源有 99% 的指标都符合匹配需求,但是只有某个关键的需求不满足,那么该计算资源是否应该被匹配作为候选项。所以,通常在设计匹配算法时会设定很多假设条件以简化匹配流程。

选定计算资源之后,则开始模型的部署。根据实际情况可选择是否人工参与,如果有些部署步骤比较复杂或者存在体积比较大的模型,人工参与部署可能比写自动化部署脚本更加便捷。目标服务器软硬件环境往往比较复杂,可能导致软件版本的冲突等问题,导致模型调用失败,因此在模型部署之后需要进行模型服务的验证,以确定该模型服务确实可用。这样,建模者就可以自行发布模型服务并将其绑定到对应的计算模型上。

### 4.4.3　模型数据适配

数据是模型的驱动力,为了驱动模型运行必须为之匹配合适的数据。数据适配通常是一项烦琐而复杂的工作。在传统的地理建模实践过程中,往往通过硬编码的数据格式转换方式为模型准备数据,例如,通过编程或者数据转换工具将 ASCII Grid 数据格式转换为 GeoTIFF 格式。这种面向特定数据格式的模型数据适配方式往往局限于特定的应用情景,且无法形成普适性的资源积累,造成了资源的浪费。

　　在开放式地理建模实践中,模型、数据都能够以服务的形式在网络环境共享,但是如何构建模型与数据之间的适配桥梁一直是研究的热点。本书第2章地理分析模型描述体系中已经介绍了用标准化的方法描述模型的数据接口,以支撑模型的有效共享,本节不再赘述。在计算建模过程中,模型和数据的适配也是基于标准化的数据视图。其基本思想是将模型的数据接口以标准的数据视图进行表达,将数据提供者提供的多源异构数据资源也用标准化的数据视图进行表达,这样模型与数据之间的适配工作则转换成两个标准数据视图之间的数据操作。

　　通常,模型与数据的适配分为两种情况:输入数据准备和运行时数据交换。为了便于说明,图4.17展示了河网提取计算模型与数据适配的示例。

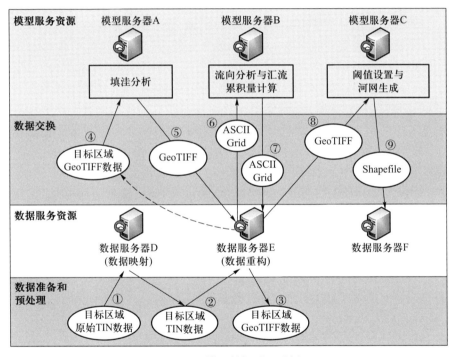

图 4.17　模型数据适配示例

## 1) 输入数据准备

　　顾名思义,就是为计算模型运行准备输入数据。该示例中模型的初始输入数据是"目标区域 GeoTIFF 数据"(称为"标准 GeoTIFF",标记④所示),而被提供的数据是"目标区域原始 TIN 数据"(标记①所示),该数据是以 TIN 数据结构组织的原始数据文件。要想驱动模型运行,首先需要通过数据服务器 D 提供的数据映射服务将其映射为标准的数据视图"目标区域 TIN 数据"(称作"标准

TIN",标记②所示),再经过数据服务器 E 提供的数据重构服务将其重构成"目标区域 GeoTIFF 数据",即"标准 GeoTIFF"(标记③所示)。此时,"标准 GeoTIFF"即可驱动模型的运行。

其中,数据映射服务是指在原始数据与标准数据之间相互转换的过程,如本例中的原始 TIN 数据转换成"标准 TIN"的过程就是一次数据映射;同样地,"标准 TIN"也可以映射成原始 TIN 数据,称为逆映射。数据重构就是将一种标准数据转换成另一种标准数据,如本例中的"标准 TIN"转换成"标准 GeoTIFF"的过程。数据服务器提供数据服务的本质就是通过数据映射服务和数据重构服务对外提供对应的数据资源。

2）运行时数据交换

计算模型是由多个子模型构建的集成模型,而子模型之间的集成耦合通常是基于数据交换来实现的。图 4.17 中"填洼分析"子模型接受"标准 GeoTIFF"(标记④所示)作为输入数据,其输出数据为"GeoTIFF"(标记⑤所示),而"流向分析与汇流累积量计算"子模型接受标准形式的 ASCII Grid 作为输入数据。因此,"GeoTIFF"(标记⑤所示)需要经过数据服务器 E 的重构服务转换成标准形式的 ASCII Grid(标记⑥所示)。"流向分析与汇流累积量计算"子模型的输出结果也是标准形式的 ASCII Grid(标记⑦所示)。同样,"阈值设置与河网生成"子模型的输入数据是"GeoTIFF"(标记⑧所示),所以也需要将 ASCII Grid(标记⑦所示)重构为"GeoTIFF"(标记⑧所示)。最后,"阈值设置与河网生成"子模型的输出结果为标准形式的 Shapefile(标记⑨所示),其存储在数据服务器 F 之中。

以上展示了子模型之间数据交换的基本流程,本例中只是单纯涉及简单数据之间的转换,实际情况可能比这个更复杂,如进行不同地理网格(如四边形网格、六边形网格)之间的变换,这就需要专门的网格变换工具完成子模型之间的耦合集成。网络化模型运行过程中的数据适配,将在下一章进一步阐述。

# 参 考 文 献

陈旻, 盛业华, 温永宁, 陶虹, 郭飞. 2009. 语义引导的图标式地理概念建模环境初探. 地理研究, 28(3): 705-715.
陶虹. 2008. 基于场景的可视化地理概念建模方法研究. 南京师范大学博士研究生学位论文.
王进. 2021. 基于场景的地理概念建模方法研究. 南京师范大学博士研究生学位论文.
王书功. 2010. 水文模型参数估计方法及参数估计不确定性研究. 郑州: 黄河水利出版社.
韦玉春, 陈锁忠, 等. 2005. 地理建模原理与方法. 北京: 科学出版社.
吴国平, 宋崇辉, 汪煜编. 2012. 地理建模. 南京: 东南大学出版社.

Belete, G.F., Voinov, A., Laniak, G.F. 2017. An overview of the model integration process: From pre-integration assessment to testing. *Environmental Modelling & Software*, 87: 49-63.

Botts, M., Percivall, G., Reed, C., Davidson, J. 2008. OGC® sensor web enablement: Overview and high level architecture. International conference on GeoSensor Networks, Berlin, Heidelberg.

Chen, M., Tao, H., Lin, H., & Wen, Y. 2011. A visualization method for geographic conceptual modelling. *Annals of GIS*, 17(1): 15-29.

Chen, M., Voinov, A., Ames, D.P., Kettner, A.J., Goodall, J.L., Jakeman, A.J., Barton, M. C., Harpham, Q., Cuddy, S.M., DeLuca, C., Yue, S. 2020. Position paper: Open web-distributed integrated geographic modelling and simulation to enable broader participation and applications. *Earth-Science Reviews*, 207: 103223.

Fairfield, J., Leymarie, P. 1991. Drainage networks from grid digital elevation models. *Water Resources Research*, 27(5): 709-717.

Freeman, T. G. 1991. Calculating catchment area with divergent flow based on a regular grid. *Computers & Geosciences*, 17(3): 413-422.

Granell, C., Díaz, L., Tamayo, A., Huerta, J. 2014. Assessment of OGC web processing services for REST principles. *International Journal of Data Mining, Modelling and Management*, 6(4): 391-412.

Granell, C., Schade, S., Ostländer, N. 2013. Seeing the forest through the trees: A review of integrated environmental modelling tools. *Computers, Environment and Urban Systems*, 41: 136-150.

Horton, R. E. 1945. Erosional development of streams and their drainage basins: Hydrophysical approach to quantitative morphology. *Geological Society of America Bulletin*, 56(3): 275-370.

Jakeman, A. J., Letcher, R. A., Norton, J. P. 2006. Ten iterative steps in development and evaluation of environmental models. *Environmental Modelling & Software*, 21(5): 602-614.

O'Callaghan, J. F., Mark, D. M. 1984. The extraction of drainage networks from digital elevation data. *Computer Vision, Graphics, and Image Processing*, 28(3): 323-344.

Pfafstetter, O. 1989. Classification of hydrographic basins: Coding methodology. Unpublished manuscript, Departamento Nacional de Obras de Saneamento, August, 18: 1-2.

Quinn, P. F. B. J., Beven, K., Chevallier, P., Planchon, O. 1991. The prediction of hillslope flow paths for distributed hydrological modelling using digital terrain models. *Hydrological Processes*, 5(1): 59-79.

Rubin, Y. 2003. *Applied Stochastic Hydrogeology*. Oxford University Press.

Shreve, R. L. 1966. Statistical law of stream numbers. *The Journal of Geology*, 74(1): 17-37.

Strahler, A. N. 1957. Quantitative analysis of watershed geomorphology. *EOS, Transactions, American Geophysical Union*, 38(6): 913-920.

# 第5章

# 地理分析模型网络化运行

## 5.1 模拟资源适配

### 5.1.1 数据资源适配

1）数据资源适配的需求分析

在长期的地理建模与模拟研究中,伴随着地理信息技术的发展,地理分析模型与地理模型数据之间既存在着紧密耦合关系,也存在着并行发展的状态。一方面,地理分析模型的输入、输出和控制数据必然与模型程序的实现逻辑相关。在开发模型的过程中,开发者往往根据自己的代码编写习惯制定数据组织方式,最终形成"定制式"的模型数据,如函数参数形式、文本文件形式、二进制文件形式和数据库形式等(刘桂芳和潘文斌,2014;孔凡哲等,2011;李硕等,2010;田汉勤等,2010)。模型使用者在使用某个模型时,模型的运行严格依赖于这些定制的数据,甚至一个空格的不对应也会导致模型不能正确执行。另一方面,数据作为地理空间信息建模的重要内容,为了适应不同的应用和表达需求,诸多数据模型和数据格式得到设计和发展。例如,地理信息领域以经典矢量和栅格表达为基础,发展了包括对象数据模型、场数据模型、矢-栅一体化数据模型、三维数据模型、时空数据模型和几何代数多维统一数据模型等多种不同数据模型(Egenhofer and Franzosa,1991;Molenaar,1990;李德仁和李清泉,1997)。基于这些空间数据模型设计而成的相关数据格式常常被采用为地理模型输入/输出数据的格式,如 NetCDF、GeoTIFF、ASCII Grid、Shapefile 等。由于研究对象的差异性,不同地理模型开发者常常针对所研究对象的特征,并结合自身编码习惯,选择不同的数据格式作为模型执行程序关联的数据格式,形成默认数据交互接口。

由此可见,地理分析模型数据在形式与结构上存在高度异构特征。

地理分析模型数据的异构特征并不仅仅体现在数据结构层面,在进行综合地理模拟过程中,来自不同学科和领域的地理模型数据通常具有复杂的语义属性特征,包括语义概念、单位量纲和空间参考等(乐松山,2016)。例如,同样是基于 ASCII Grid 格式的 DEM 数据,将其输入给一个流域划分模型,如果模型接受的高程数据单位是米,而提供的数据是以分米为单位,则即使数据格式完全正确,模型仍然难以模拟出理想的结果。

因此,在地理建模与模拟过程中,模型使用者往往会遇到各式各样不同的数据格式、数据组织形式和数据语义属性。为了适应不同地理分析模型的多样化数据需求,模型使用者往往需要在充分掌握数据内涵的基础上,进行细致和烦琐的数据预处理等工作(Voinov and Cerco,2010;Zhang et al.,2016;李兰,2012)。例如,数据格式的转换(GeoTIFF 和 ASCII 的转换)、度量单位的匹配(高程单位从米变成分米)、空间坐标的重投影(空间数据从地理坐标系转换成投影坐标系)、依据分辨率重新插值(如时间步长从小时变成天,空间数据的网格单元从 10 m 变成 30 m)等。

面对特定模型的复杂数据需求,不同的数据处理方法常常需要配合在一起,形成有序的数据处理流程,才能完成对模型数据的准备工作。因此,需要根据模型运行时的不同情景,对数据处理方法进行合理组织。尤其是对于多个地理分析模型耦合的集成运行而言,其数据适配工作由于应用情景的不同而呈现出两种基本的模式。如第 4.4 节所述,一种是侧重于静态的数据准备,主要是在模型运行前的数据准备阶段,将建模者收集到的数据资源按照模型的数据需求进行适配,形成模型所需的数据文件;另一种是侧重于动态的数据交换,主要是在不同的模型集成运行过程中,由前一个地理模型的输出,适配到第二个地理模型的输入,这种数据适配工作需要在模型运行过程中根据模型计算结果动态进行(图5.1)。在综合地理模拟情景中,静态的数据准备和动态的数据交换常需要配合使用,两者往往共同作用于集成建模工作中。

在进行数据适配工作时,通常可以借鉴此前或者他人的成功经验。由于地理分析模型的应用具备普遍性,因此研究者可以选择将建模成果在另外一个区域重新应用以解决相似的问题。其中,数据适配的工作也会呈现出其可重用的一般性特征。例如,某个数据重构方法只需要更换同类型的另外一块区域的数据即可完成模型与新的数据的适配。

然而,在具体的地理模型建模与模拟过程中,研究者对地理模型使用方式的不同导致了模型数据适配工作具备个性特征。例如,有的模型需要在不同的计算机操作系统上运行(如 Windows,Linux),有的模型可以在跨平台的环境中运行,而有的模型只能在并行计算、高性能计算等特定平台上运行;有的模型集成

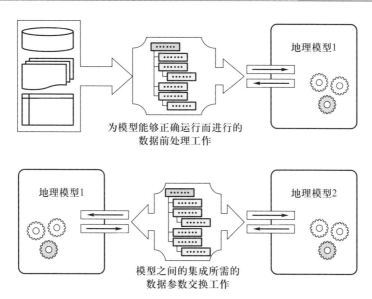

图 5.1　地理模型集成运行中涉及的基本数据适配需求

是将各个子模型打包在一起执行计算,有的模型集成是在分布式的网络环境中进行的;有的数据由研究者自己提供,有的数据来源于网络共享的数据服务。种种模型相关的、数据相关的、计算相关的因素都使得模型数据适配工作需要与具体的模型应用相关联,需要对数据适配工作进行相应的修改与优化。

　　因此,从"原生态"数据到符合模型要求的"定制式"数据,这个适配过程事实上需要建模者对整个科学问题整体把握,了解原始数据的特征、内涵和优缺点;明确模型的工作特性、适用范围和数据规格细节;根据研究区域的特征决定采用何种数据、何种数据重构方法。总而言之,对于模型集成运行而言,数据准备、数据重构、数据映射等数据处理工作都是属于必需工作。此外,数据适配的应用最终依赖于具体的数据,只有成功接入具体的数据内容,才能够实现模型与数据的真正适配,因而在数据适配中还需要设计相关的数据接入策略。

2)数据资源适配方案的构建

　　为了满足上述数据资源适配需求,需要准备合适的数据适配方案。从资源共享与应用的视角来看,地理分析模型的数据适配方案是对数据处理流程的序列化和持久化。因此,在适配方案中,基于前文的分析与总结,主要包括四类资源要素,即模型资源、数据资源、处理方法和流程逻辑。

* 模型资源:用于指明适配方案的应用对象。只有面向模型运行的数据需求进行数据适配,才能最终驱动地理模型的运行计算。因此,数据适配

方案中需要包含对相关的模型资源的引用(可以是通过唯一标识符来关联到模型资源库中的某些具体的模型条目)。

- 数据资源:用于指明适配方案中涉及的所有数据资源。数据适配方案的主体是对数据的各种操作,而适配方案所关联的数据可以是确定的数值,也可以是变化的数据文件。因此,在适配方案中需要以资源引用的方式包含相关的数据资源。
- 处理方法:用于描述适配过程中数据格式的重构、映射等处理操作。从处理方法库将相应的数据处理方法关联到适配方案中,一般用唯一标识符关联。所引用的处理方法需要与数据相结合构成一个数据处理行为。
- 流程逻辑:用于适配工作流程化表达。将相互关联的数据处理操作按照先后次序进行连接,形成完整的数据处理流程。在某些适配方案中,需要描述一系列或简单或复杂的处理流程。

模型资源主要包含适配方案所关联所有模型资源的描述信息,该对象的主要内容是模型资源条目。在一个模型资源条目中,有该模型资源条目的唯一标识 ID(对应到外部模型资源库中)、模型的名称、模型的描述信息,还有该模型所关联的数据规格描述信息。在数据规格描述信息中,主要包含两类:数据节点描述信息和数据约束信息。

- 数据节点描述信息:主要用于描述数据内容的组织结构,不仅包括数据本身组织结构的数据表达模板,还包括一些附加信息,如单位信息、空间参考信息、语义概念信息。用户可以通过数据节点 ID 获取相应的数据内容,可以通过资源 ID 在前文所述的辅助资源库中获取相应的资源条目(即语义概念资源库、空间参考库、单位量纲库、通用数据表达模板库)。
- 数据约束信息主要用于表达模型数据的相关约束,其中利用关系表达式或关系数据库等方法对模型的输入数据进行约束。这类资源的存在形式主要包括模型源码、可执行程序、组件库、可视化界面以及网络服务等。而在集成运行框架内,所有模型资源需拟定统一接口,因此需要将其重新封装为具备统一格式的标准化模型组件或网络服务。例如,基于 BMI、OpenMI 和 OpenGMS 等通用建模框架可以将模型封装为具备统一接口的模型组件,在集成框架或集成建模工作流中进行集成应用。

数据资源主要包含了诸多数据资源条目。每个数据资源条目都是数据处理操作中关联的数据(源数据和目标数据)。数据资源条目具有唯一标识 ID、名称、描述信息、类型信息、数据内容的资源链接以及数据内容相对应的数据规格描述等信息。数据资源大体可以分为三种数据类型,即外部引用数据、内部数据和运行时数据。

- 外部引用数据:是引用外部的数据链接,数据适配方案中的某个重构操

作仍然按照数据条目的 ID 来关联;

- 内部数据:是指包含在适配方案内部的数据,如一些简单的参数变量;
- 运行时数据是指数据重构的结果数据。

所有类型的数据都会与一个数据描述模板相关联,用以描述数据的内容结构。在集成运行过程中,数据资源的传递则直接或间接地发生在模型之间(Argent et al.,2006;Wang et al.,2015;丁新等,2003;庄巍等,2007;张刚等,2011;王中根等,2005)。所谓直接方式,主要是根据模块之间的关联逻辑,将前一个模块的输出结果传递到下一个模块作为输入,例如,OMS 中对于模型数据参数的处理主要是通过其设计的附注(Annotation)方法实现的直接传递(David et al.,2013);所谓间接方式,主要是通过一个独立的数据参数交换组件来统一处理模块之间的数据交互(赵彦博等,2013),典型的如 ESMF 中耦合器组件(张子民等,2011)。

数据处理方法指在地理分析模型集成研究中,实现模型输入/输出/控制数据的转换和交换的方法,常用于支撑模型之间的集成、串联和组合。这些方法主要以数据描述信息来组织,包含唯一标识 id、名称和描述信息等基本信息,以及数据组织、单位、时空和语义等数据表达模板信息。在模型集成研究中,对于模型所需数据处理方法主要包括数据映射和数据重构。其中,数据映射指在两种数据(数据源)之间建立对应关系的过程;数据重构指在实际应用驱动下,改变数据原始组织结构的过程。不同地理模型之间的集成,其内在往往是在现实物理世界规律驱动下的不同地理过程(或子过程)的耦合。因此,数据处理方法不仅要考虑数据格式和组织结构的一致性,还需要考虑物理过程上的合理性,如能量守恒、质量守恒、通量守恒等(张韬等,2006;房永杰和张耀存,2011;刘鑫和陆林生,2012;张宇,2013;丁小茜,2015)。

流程逻辑主要指数据适配过程中的操作顺序和逻辑。每个流程逻辑除了基本的描述信息外,还有数据处理操作的顺序集合。目前,模型集成或数据适配过程多基于科学工作流来表达,这些工作流主要采用相关的元数据标准或规范来描述模型数据,从而支撑模型集成过程中数据适配流程的构建(Chen et al.,2010;Kubik,2009;张建博等,2012;李军和周成虎,1998),典型的如 OGC WPS 规范中的 DescribeProcess 操作。在具体的技术实现方面,通常以键值对(key - value)的形式对数据结构进行描述,以字符串的形式对数据内容进行描述。此外,在流程逻辑的描述中,除了数据处理操作基本信息外,还包含与处理方法应用相关的三个数据属性,即源数据、目标数据和处理参数数据。源数据、目标数据和处理参数数据都是对数据资源的引用。此外,数据处理操作中还包含处理方法的信息属性,即通过唯一标识符与数据处理方法进行关联。

基于上述模型数据资源适配的不同要素,可以面向具体地理分析模型运行

需求构建数据资源适配方案。如图 5.2 所示,地理模型数据适配方案构建主要
分为三个层次:① 适配方案的要素组织;② 适配方案的数据匹配;③ 适配方案
的数据接入。其中,要素组织主要用于描述适配方案的组织信息,通过结构化的
方式描述前文提到的适配方案中各种模型、数据、重构方法等要素,以及要素的
不同组织形式;数据匹配主要用于描述适配方案的适配情景信息,提供适配方案
作用于什么样的模型应用情景下;数据接入是描述适配方案的应用信息,主要提
供如何从外部接入具体数据来实现适配方案的运转,并最终为地理模型的运行
提供正确的数据。

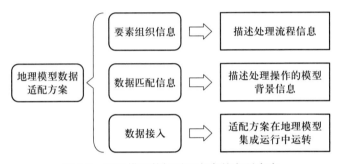

图 5.2    地理模型数据适配方案的主要内容

3) 数据资源适配方案的实现

在具体的技术实现层面上,支撑地理模型运行的数据适配方案实现方式,总
结起来有以下几种:

(1) 基于特定的数据转换

针对模型运行所需数据格式,实现一种数据格式向另一种数据格式的转换。
例如,ARSWAT 模型通过将 ESRI 的空间数据模型转换为 SWAT 的水文响应单
元数据来实现 SWAT 与 ArcView 的集成(余文君等,2012;吴军和张万昌,2007;
盛春淑和罗定贵,2006);

(2) 基于统一的数据格式

基于行业或领域通用数据格式进行转换,以适配模型需求。例如,OGC 提
供的 WPS、GeoProcessing 网络服务,可以对 GML 格式的数据进行处理
(Bensmann et al.,2014;刘军志等,2008;吴楠等,2012;孙雨等,2009);通用数据
交换格式 UDX 采用统一格式对异构体数据的统一描述,支持多种数据格式之间
的交换(乐松山,2016)。此外,还有一些成熟商业软件提供的公开数据交换格
式,如 ESRI 的 E00 格式,这种文件格式可以通过明码方式表示 ESRI 几乎所有

的矢量数据格式,广泛用于与其他软件数据的交换;MapInfo 的外部数据交换格式 MIF 和 MID 格式,其中 MIF 文件保存图形信息,MID 文件保存属性信息,通过交叉索引文件( ∗ .id)进行关联,可以被所有支持 MapInfo 的平台使用,并支持多种数据格式及其转换(吴昊,2012;张勇,2008);AutoCAD 的 DXF 格式是一种开放的矢量数据格式,支持 AutoCAD 与其他软件之间进行的数据交换(张国栋等,2012;杨义辉等,2008)。

（3）基于官方制定的地理数据转换标准

官方机构通过制定地理数据转换标准,以标准数据格式实现数据交换。例如,美国国家数据协会(NSDI)制定的空间数据转换标准 SDTS,包括了集合坐标、投影、拓扑关系、属性数据、数据字典,也包括了栅格格式和矢量格式等不同的空间数据格式的转换标准( Arctur et al.,1998);我国的空间数据交换格式(CNSDTF)标准,设计过程中参考了国外现有的多种空间数据交换标准以及多种国内外商用 GIS 软件的内部数据格式和外部数据交换格式,适用于矢量数据和栅格等空间数的交换(王艳东和龚健雅,2000)。

（4）基于不同领域组织参与制定的统一数据模型

相关学科领域内权威组织制定的领域通用数据模型。例如,OGC 制定的一系列旨在解决空间数据互操作的规范,诸如 SFS、WMS、WFS、GML 等(Steiniger,2012);模型开发过程中定制的一些数据模型和数据格式,如有限元分析领域中 ANSYS、Fluent、GMsh 等工具涉及的网格剖分数据格式(张应迁和唐克伦,2012;谢刚和王小林,2005),OpenFOAM 模型提供的如 nsysToFoam、cfx4ToFoam、datToFoam、fluentMeshToFoam、foamMeshToFluent 等转换工具( 李杰,2014)。

（5）基于面向数据交换和数据转换的转换系统

面向领域内的数据适配需求,相关组织和机构发展了针对数据交换和转换过程的数据适配系统。例如,著名的 GIS 数据转换引擎 FME,由加拿大 Safe Software 公司开发的空间数据转换处理系统,是完整的空间 ETL 解决方案。该方案基于 OpenGIS 组织提出的数据转换理念"语义转换",通过提供在转换过程中的数据重构功能,实现了数百种不同空间数据格式(模型)之间的转换,为进行快速、高质量、多需求的数据转换应用提供了高效、可靠的手段(李刚等,2006;王康,2011;苏建云等,2009;马功社等,2010)。此外,诸如 SuperMap SIMS、Global Mapper、Deep Exploration 等软件都是由相关组织或公司开发的数据读取、处理、转换的专业软件,通过这些软件可以读取诸多行业相关的数据格式,也可以将数据转换成各种各样的格式(付标和赵跃,2015;陈静等,2012)。

（6）基于地理数据中心或联盟

在面向空间信息服务的数据交换方法中,针对不同范围内的地理信息交换和共享的需求(地区间—国家间—洲际—全球),诸多国际研究组织陆续建立起来,典型的如世界数据中心(World Data Center,WDC)、全球资源信息数据库(GRID)和全球环境监测系统(Global Environmental Monitoring System,GEMS)。国际标准化组织地理信息技术委员会(ISO/TC211)的成立和发展,推动了空间信息服务和数据交换的技术变革,相关的研究从元数据、系统互操作、语义一致、空间定位参照等方面不断深入。此外,1996 年成立的开放地理空间信息联盟(Open Geospatial Consortium,OGC),其工作目标也包含了规范地理信息系统互操作方法、模式与协议,主要研究和建立了开放式地理信息系统互操作规范(李连伟,2005)。

### 5.1.2    计算资源适配

1）计算资源适配需求分析

计算资源既是构建开放式地理建模机制的底层资源,也是地理模型在线运算的基础支撑,对计算资源的需求贯穿了整个开放式地理建模与模拟的全过程。计算资源与模型资源的适配主要是地理分析模型运行所依赖的环境需求与计算资源所能提供的计算环境之间的匹配。其中,计算资源所能提供的环境主要包括硬件环境、软件环境及组件环境。而地理分析模型运行所依赖的环境需求,主要包括以下三个方面:

- 计算资源环境信息与模型运行环境信息的规范化描述需求。异构多样的计算资源分布在网络空间下,包括研究者的普通台式计算机、小型服务器、云服务器等,不同的机器节点有着不同的连接方式,在分布式网络环境中所发挥出来的性能也各不相同。为了能够充分利用这些计算资源,首先就需要构建一种标准化的描述方法,以支持对这些异构计算资源的统一化管理。此外,计算资源是服务于模型运算的,适配的基础就是根据模型的运行需求找到符合条件的计算资源。因此,模型运行环境信息描述需要能够与计算资源环境信息的描述相适应。
- 多计算资源择优推荐需求。在地理模型的运行环境信息与计算资源环境信息匹配的基础上,可能会出现多个计算资源合适的情况,而地理模型的运行性能与计算资源性能息息相关。面向多资源选择情景时,力求找到能够使地理模型运行性能达到最高的计算资源,就需要设计一套有效的性能评价策略来实现计算资源的择优推荐。

- 模型部署与模型服务校验需求。地理模型不同于计算机领域的普通应用程序,地理模型部署过程中可能会出现各种意外的环境冲突,且模型服务的校验通常需要基础地理数据的支持,从而导致模型部署与校验充满了挑战。虽然目前已经探索了众多自动化部署和校验方案,然而其成效并不显著,更多还需要依赖于人工干预。近年来协作式的理念在众多研究中被采用,为了实现地理模型在计算资源上的成功部署,需要让模型提供者和计算资源提供者协作起来,共同完成模型的部署与模型服务的校验,从而保证适配流程的顺利完成。

2) 计算资源环境信息描述

地理模型是承载于计算资源之上的,而计算资源适配的基础就是根据模型的运行依赖需求寻找到合适的计算资源环境进行地理模型的部署。地理模型的正确运行除了模型程序本身之外,其与模型程序所处的计算资源环境息息相关。计算资源的操作系统、软件环境、硬件环境的不适合都可能会导致模型部署和运行的失败。因此,对计算资源环境信息的描述显得至关重要。

与模型运行环境描述不同,计算资源的软硬件信息是动态变化的,地理模型运行环境的规范化描述方法并不适用于计算资源。因此,本节介绍一种通过使用对象规范化的方式来描述计算资源。该方法将计算资源的软硬件环境信息抽象为一个 MO(managed object)对象,结合模型运行环境描述文档可以为后续的环境匹配提供帮助。

MO 对象主要包含以下四个方面的内容:

- 计算资源的静态参数信息。它是硬件环境信息的一部分,主要包括计算资源的中央处理器(CPU)、内存、图形处理器(GPU)、磁盘和网络带宽等硬件信息。这些参数可以用于与模型运行环境描述文档的硬件需求进行匹配比较,确定该模型是否合适部署在这个计算节点上。
- 网络性能与模型管理参数信息。对整个分布式资源管理中心的网络带宽和计算资源之间网络互联参数进行收集整理,获取计算资源上模型管理的基本信息,其不仅与模型开放网络下的服务化调用相关,还是后续多计算资源择优决策式时需要考虑的因素之一。
- 计算资源的动态负载性能参数。该参数用于描述计算资源硬件环境信息,主要包括计算资源的 CPU 占用率、内存使用率以及网络带宽占有率等。通过对计算资源的动态负载均衡信息进行收集描述,后续可以设置负载等级来判别计算资源的即时负载,然后以此为依据与地理模型部署所定义的约束条件进行比较,从而判断出该计算资源是否适合部署该地理模型。

- 计算资源上已经安装的软件信息。其包括计算资源的操作系统和相关
软件的已安装版本信息。比如包括地理模型所依赖的数据库版本信息、
基础运行库信息、开发 SDK 版本信息等。其主要是用来与模型运行环
境的软件环境进行匹配,判断地理模型部署的平台兼容性和软件环境适
用性。

以 SAGA(System for Automated Geoscientific Analyses)模型为例,本节分析了
其需要的软硬件环境以及依赖项(表 5.1)。其中,硬件环境为在本机测试下的
环境,一般的软件或地理模型都会提供其运行所需的最低硬件环境。软件环境
主要包括 GCC 编译器、G++以及 Automake,它们都对软件的版本有着明确的要
求,且是向下兼容的;Autoconf 与 Libtool 则对版本没有明确的要求,只需有该环
境即可,并且说明了版本之间的变动将不会影响模型的正常使用。对于依赖项,
主要包括 PROJ4、WxWidgets、GDAL、TIFF 以及 JASPER,这些都为 SAGA 模型中
不同的功能模块提供了相应的支持。

表 5.1　SAGA 模型运行环境需求信息

| 硬件环境 | 软件环境 | 运行依赖项 |
| --- | --- | --- |
| 存储空间:5 GB | GCC-C++:GCC 扩展,C++编译。<br>版本:4.4.1 | PROJ4:地图投影库<br>版本:4.7.0 |
| CPU 类型:Intel® Core™<br>I7-7500U CPU @ 2.70GHz | GCC:编程语言编译器<br>版本:4.4.1 | WxWidgets:界面 GUI 库接口<br>版本:2.8.10 |
| CPU 核心数:2 | Libtool:通用库支持脚本<br>版本:1.5.6 | GDAL:栅格空间数据转换库<br>版本:1.7.3 |
| CPU 频率:2700 MHz | | TIFF:TIFF 文件处理库 |
| 内存容量:500 MB | Automake:Makfiles 自动构建工具<br>版本:1.7.9 | 版本:3.9.4 |
| | | JASPER:JPEG-2000 图像处理库 |
| | Autoconf:自动生成配置脚本工具<br>版本:任意版本 | 版本:1.900.1 |

3) 计算资源适配的实现

为了满足上述计算资源的适配需求,目前有大量相关研究及工具方案。然
而,大部分适配方案都是通过手工部署或者通过编写部署脚本的方式来实现地
理模型在计算资源上的手动/半自动化部署。面向网络环境下的模型部署时,由
于计算资源环境的不确定性,手动部署花费成本太高,而通过脚本方式部署模型
通常会面临着高失败率的情况。为此,研究人员针对网络环境下的地理模型部

署进行了大量研究,包括模型与计算资源的自动化部署、计算资源的软硬件检测以及开放式计算资源适配。

首先,计算资源的自动化部署主要包括软硬件分析与迁移。目前,地理建模与云计算等领域研究人员已经开发和设计了诸多软硬件分析和迁移方案,例如,基于移动 Agent 在异构网络环境中具有自主迁移、自主搜索信息等特性,吕建等(2000)设计了一种新的软件框架,使得基于 Agent 开发的模型具有网络环境下的动态适应性;Li 等(2017)利用云计算技术的最新进展,提出了在 IasS(infrastructure as a service)上构建 MaaS 框架,实现了地理模型服务的自动化构建与部署;Wen 等(2017)分析了目前在开展服务集成工作过程时遇到的种种困难,总结出在不同的分布式计算节点中部署各种地理分析模型是显著影响模型资源和集成的难点之一,为此设计了模型部署描述接口与计算资源描述接口,并且通过计算资源信息与模型部署信息的比较,使用户可以协作式地完成地理模型的部署;Knoth 和 Nüst (2017)基于 Docker 技术将 GEOBIA 开源软件的工作流程打包到了定义明确的 FOSS(free and open-source software)环境中,实现了 GEOBIA 开源软件的自动化部署,不仅促进了 GEOBIA 的可重用性,而且促进了 GEOBIA 的实际应用发展;谭羽丰(2019)针对 Linux 平台地理分析模型在部署过程遇到的问题,在构建相关模型服务化封装方法的基础上,设计了网络环境下的地理模型部署策略,成功实现了 Linux 平台下对于地理模型的适应性部署。

其次,软硬件检测也是计算资源适配的重要手段,目前已有诸如基于特定领域的软硬件检测、基于某一工具或编程环境的环境适配以及面向地理学研究的开放式计算资源环境适配等方法。例如,Anacoda 是一个免费、易于安装的包管理器和环境管理器,包含 1500 多个开源包,并提供免费社区支持。Anaconda 与平台无关,因此无论用户在 Windows、macOS 还是 Linux 上都可以使用 Anacoda。

最后,在开放式计算资源适配方面,目前主流的适配方案为 OpenGMS 平台的开放式计算资源适配方案。OpenGMS 平台的开放式计算资源适配主要基于该平台下的模型服务化封装方法(Yue et al.,2016;谭羽丰,2019;Zhang et al.,2019),对面向单模型资源进行服务化,其计算资源适配方案如图 5.3 所示。

在基于 OpenGMS 的开放式计算资源适配中,具体可分为三个部分。一是模拟资源环境信息描述的部分(模拟资源是指开放式地理模拟过程中涉及的资源集合,本节这里特指地理模型资源和计算资源),其包含了模型资源运行环境描述方法与计算资源环境信息规范化表达方法,是对异构资源的规范化表达;二是信息匹配指标与多资源择优的部分,为降低环境信息匹配的难度和解决多资源选择的问题,分别设计计算资源匹配指标体系和择优推荐方法;三是基于上述研究方法,从适配结果推荐、参与式部署和模型服务校验三方面出发,完成计算资源适配方法的整体设计,从而实现单模型在网络环境下的成功运行。

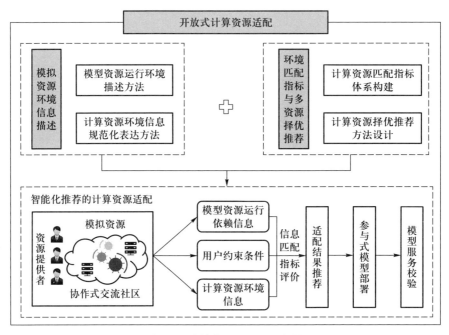

图 5.3　计算资源适配基础架构

# 5.2　模拟资源调度

## 5.2.1　模拟资源调度分析

1）模拟资源种类分析

地理模拟中,往往涉及围绕地理分析模型的多种地理模拟资源,而地理分析模型的运行也通常依赖于相关资源的支撑。基于对前文模型使用的分析,本书面向地理模拟情景,在模拟任务中涉及的模拟资源分为三类,分别为模型资源、数据资源和计算资源。

模型资源指包含模型的描述信息和可调用程序或服务等相关资源。其中,模型信息一般包含模型名称、版本、介绍、输入/输出配置和运行环境依赖等;可调用程序一般是可以用来进行地理模拟的计算机程序,包括可执行文件、脚本文件和在线服务等。

数据资源指用来驱动模拟的模型输入数据和模型产生的结果,这些数据能够以各种各样的数据格式呈现,如 GeoTiff、Shapefile 和 IMG 等( Yue et al.,2015)。

计算资源指可以支撑地理模拟的计算机,如个人电脑、服务器、高性能计算机(HPC)或计算集群等。这种计算机可以具备各种操作系统,如 Windows、Linux 或 macOS。

图 5.4 以 SWAT 模型为例,分析在 SWAT 模型的使用过程中,模型用户通常需要用到 SWAT 模型相关的说明文档、模型执行文件、数据以及计算机等资源。其中,SWAT 模型说明文档通过描述模型的属性、算法、使用教程等,让模型用户了解模型内在机理、调用方法、输入/输出数据等信息(Neitsch et al.,2011)。SWAT 模型执行文件是可以执行模拟任务的文件。用户通过对模拟所需的相关数据进行准备与配置,调用模型即可得到用户所想要的结果。数据是 SWAT 模型运行所需用到的数据,例如,在利用 SWAT 计算流域的径流量时,通常需要该流域的土地利用数据、土壤类型数据、数字高程数据和气象数据。最后计算机是可以用来支撑 SWAT 模拟任务的计算资源。通常而言,图 5.4 中 SWAT 模型需要搭载 Windows 操作系统的计算机,如果所需的模拟空间范围大、时间跨度长,SWAT 模拟还需要较高配置的计算资源。

图 5.4  SWAT 模型中的模拟资源

2)模拟资源使用情景分析

在地理模拟任务中,相关资源提供者在整个模拟任务中扮演着不同的角色,这些参与者在模拟任务中进行各种资源交换和应用,最终以合作的形式完成整个模拟任务。因此,除了上述资源本身外,资源的提供者或使用者本身也是整个模拟任务中的关键环节。如图 5.5 所示,面向整个模拟资源任务使用情景,梳理出与三种模拟资源相关的提供者或使用者,包括模型描述者、模型构建者、计算资源提供者以及模型使用者(数据资源提供者)。

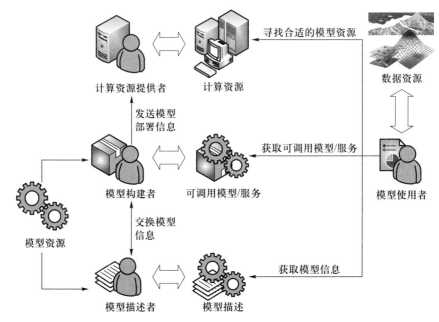

图 5.5    模拟任务中角色与资源的使用情景

模型描述者通常在地理模拟中提供模型资源的描述,他们通常是模型的定义者或者作者,对模型有深入的理解。模型描述者通常把模型的描述信息,如属性特征、计算公式、过程机理和使用方法等,放到一些文献或常用文档中,如模型说明文档等。模型使用者往往需要通过上述文献或者文档上非结构化的信息获取模型相关描述,以了解并使用模型。

模型构建者一般是模型创建者本身,或者其他熟悉编程的构建者。模型构建者将模型算法机理通过编程、封装、服务化等方法,编写为可调用文件或服务等多种形式的模型资源,如上述提到的可执行文件、脚本文件、在线服务等。在构建模型时,描述者与构建者通常会合作完成,合作方式有两种:一种是模型构建者与模型描述者进行交流与沟通,以界定输入/输出、软件依赖信息等,在此基础上进行模型构建;另一种是模型描述者先以文本的形式确定模型的存在,而模型构建者则直接遵循模型描述信息完成对模型的开发。

计算资源是由计算资源提供者提供,而计算资源提供者在提供计算资源的时候,往往需要事先提供计算资源的相关软硬件信息,如所安装的软件、CPU、内存、硬盘等,以便模型使用者根据不同需求选取合适的计算资源。

模型使用者是在地理问题驱动下的模拟任务主导者。模型使用者往往拥有模拟数据,并需要调节与各个资源之间的关系,比如需要从模型描述者获取模型信息,而后选取与之对应的模型可调用文件或服务,根据已知的计算资源信息选取合适的计算资源,运行地理模拟任务。

通常情况下,上述使用情景中的参与者可以拥有多重角色。比如上文提到的模型描述者和模型构建者可以是同一参与者,他们可以在构建模型的同时,也提供模型资源的描述。同样,模型使用者通常会使用自己拥有的计算机,因此他也可以作为计算资源提供者。而对模拟过程中参与角色进行解耦是为了让拥有不同资源的人可以通过独自发挥自己的优势,参与到模拟任务中来。例如,一些领域专家学者专注于模型描述与设计,但是可能无法将其转变为模型程序。因此这些领域专家难以提供同时包含描述信息和可调用程序的模型资源,但可以通过其他熟悉编程的模型构建者根据模型描述进行模型构建。同时,角色解耦可以提高模型资源的可复用能力。例如,同一套模型描述可以描述不同格式但机理相同的模型,从而避免模型描述资源的浪费,节约建模成本。

综上所述,模拟资源的异构性、复杂性以及模拟任务的紧耦合特征制约着模拟资源的共享与复用。然而,通过对地理模拟中各类资源和角色的分析与解耦,梳理归纳不同资源的使用情景与特点,并对此类资源进行描述与构建,可以使模拟资源在不同用户之间进行共享与复用。

3) 网络调度分析

分布式地理模拟与传统地理模拟方法相比,由于其运行架构复杂,往往有更多问题需要解决,其中包括分布式网络环境下的模拟资源调用、地理数据在线传输、面向综合地理过程的多模型集群运算以及顾及用户隐私的网络安全等。

首先,地理模拟资源在分布式网络环境下的运行,会受到网络结构的限制。如图 5.6 所示,由于网络限制,模型发布者部署在局域网环境下的地理分析模型服务只能提供给同一局域网下的模型使用者,公网和其他局域网模型使用者则难以访问。如果想将此模型提供给全互联网用户使用,需要将模型服务部署到公网服务器上。然而,模型服务在公网服务器的部署需要耗费大量人力成本和财力成本,不是所有模型提供者都可以接受的,导致了分布式模型服务难以在整个互联网上进行共享。一种可行的方案是,将局域网下的模型服务通过代理的形式发布在公网上,这样既节约成本,又能达到一定的可见性,因此成为模型服务共享新的解决思路。

其次,由于模型在网络环境下分布的离散性,地理分析模型运行所需的数据也需要在用户及承载模拟计算任务的计算资源之间进行传输。然而,与模型服务在分布式网络环境下的共享问题类似,地理数据在分布式环境下的传输也同样遇到障碍。这样的障碍包括两个方面:首先,在复杂网络环境下,用户如何将地理数据匿名传输给模型;其次,当数据被多次使用时,模型的数据如何在网络环境下进行优化传输,以避免不必要的传输和资源浪费,从而提高地理模拟运行效率。

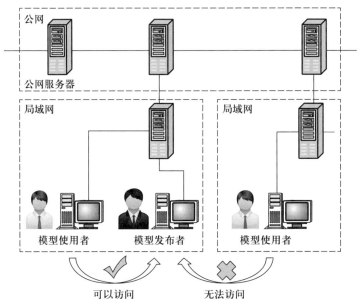

图 5.6   网络环境下服务资源的访问限制

再者,复杂地理问题求解过程中,往往涉及综合地理过程,需要多个地理分析模型联合运算。在该类模拟中,不同模型负责不同地理过程的模拟计算,并通过输入/输出相关联,组成统一的地理模拟系统。例如,在 SWAT 模拟中,包含了流域划分、水文响应单元生成等不同的模拟过程。模型用户在模拟中通过对上述模块的集成运算,可以完成相应的水文过程模拟。同时,基于标准化封装的模型,可以在不同的计算资源上进行部署,产生多个相同的模型服务进行集群运算,提高运算效率。因此,面向高负载的地理模拟需求,利用志愿者们贡献的分布式模型服务,设计相应的系统框架,可以满足多任务的驱动下进行分布式集群运算。

最后,当地理模拟资源被共享到开放式网络空间后,其在网络空间上的安全性便成为地理模拟分析时所需解决的关键问题。首先,当地理分析模型在网络环境部署后,模型信息及相关接口随即暴露在网络环境中,因此需要在保证正常调用的前提下尽可能保障模型的信息安全。其次,当用户在网络环境中进行数据传输时,在优化传输效率的同时应当保障数据在传输过程中的安全性。

## 5.2.2   资源调度数据串联特征分析

在模拟资源调度过程中,模型之间的串联组合依赖于模型对输入、输出和控制数据的配置、组合与处理。各模型之间的输入/输出数据并不是独立存在的,

而是有着密切且复杂的相互关系,因此数据也是串联各模型并实现多模型正确
运行的关键要素之一。如图5.7所示,本小节以流域尺度模型集成为案例,分析
模型集成中的数据串联特征。该集成案例是关于子流域划分的综合分析场景,
它包含了填洼分析模型(FillAnalysis)、水流方向分析模型(FlowDirection)、汇流
累积量模型(FlowAccumulation)、河流网络生成模型(DrainageNetwork)、河网分
级计算模型(StreamOrder)以及子流域划分模型(WatershedDelineation)。整个集
成模拟的主要流程为从原始的DEM数据开始:① 首先进行填洼分析模型的计
算;② 基于填洼的结果进行水流方向分析模型的计算;③ 接着执行汇流累积
量模型;④ 再执行河流网络生成模型得到河流网络结果;⑤ 利用河流网络和
水流方向数据输入到河网分级计算模型得到河网数据;⑥ 将前面生成的相关结
果数据输入到子流域划分模型并得到流域划分结果。

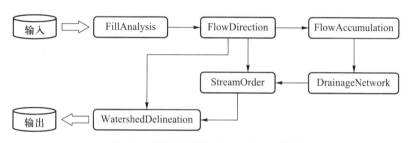

图5.7　流域尺度模型集成案例建模图

综合分析模型集成运行流程,总结得出数据在模型调度过程中主要呈现以
下几种不同的串联形式。

1) 简单输入串联

当前模型的输入为某一个模型的输出,例如,水流方向分析模型的输入数据
是填洼分析模型的输出数据(FillData),如图5.8所示。

图5.8　简单输入串联模式示例图

2) 混合输入串联

当前模型的输入为某一模型的输出,并且需要额外输入控制参数,例如,在
运行河流网络生成模型时,输入数据不仅需要汇流累积模型的输出数据,还需要
输入汇流累积量的阈值,如图5.9所示。

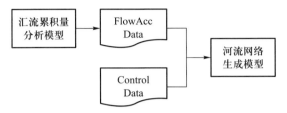

图 5.9　混合输入串联模式示意图

3）多输入串联

当前模型的输入为多个模型的输出,例如,河网分级计算模型有两个输入数据,分别是水流方向分析模型的输出数据和河流网络生成模型的输出数据,如图 5.10 所示。

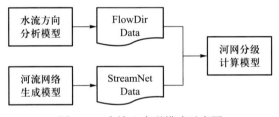

图 5.10　多输入串联模式示意图

4）多输入重构串联

当前模型的输入为多个模型的输出,但数据之间在内容或数据组织上并不匹配,需要进行数据的重构。例如,在运行子流域划分模型时,出水口坐标数据由河网分级计算模型生成。然而,河网分级计算模型输出的出水口坐标数据为文本格式,而子流域划分模型输入数据为 Shapefile 文件格式。因此,需要将文本数据在数据组织层次上重构为 Shapefile 类型的出水口数据,如图 5.11 所示。

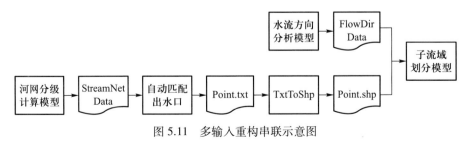

图 5.11　多输入重构串联示意图

### 5.2.3 资源调度网络构建方案

对于需要大规模计算的模拟任务,用户可以使用大量计算机来运行该任务。该方法通过空间换时间的方式达到节省时间的目标,从而高效完成模拟任务,相关方法包括网格计算、集群计算、志愿者计算以及开放式计算。

网格计算(grid computing)是一种云计算形式,被定义为一个广域范围的"无缝集成和协同计算环境"。网格是借鉴电力网概念,其目的是希望人们在使用网格资源时,能够像使用电力资源一样自由使用,而不用关心电力资源是水力发电还是风力发电。网格计算通过网络连接分布在不同空间的各类计算机(包括机群)、数据库等设备,形成对用户相对透明的虚拟高性能计算环境,并支持分布式计算、高吞吐量计算、协同工程和数据查询等应用。简单来说,计算机网格就是将分布在网络空间中的大量计算机资源统一调配,所形成的一个超大规模的虚拟计算机集群,能够实现对网格中的计算、存储、数据信息等资源的全面共享。网格计算具有以下特点:

- 异构性:网格计算涉及的资源规模较大,包括分布在不同地理位置的主机、工作站;
- 协同性:很多的网格节点可以一起处理同一个项目;
- 共享性:任何网格上的资源都可以被使用者使用;
- 动态性:网格资源是多变的,网格的使用者在某一时间段所拥有的权限或者资源在下一时刻就可能发生变化,其中包含动态资源和静态资源;
- 可扩展性:主要体现在规模、能力、兼容性等方面。

集群计算(cluster computing)系统是一种并行体系结构,能够将各种高性能并行机、工作站和其他外围设备通过高速网络(如千兆以太网、高性能 Myrinet 等)连接到一起,形成共享存储和 I/O 资源的高性价比并行处理系统,为网络工作站(network of workstations)提供丰富的可利用资源。网络中每个结点包含一个或多个处理机,如 PC 工作站、基于共享存储的对称多处理机(SMP)、基于分布式存储的大规模并行处理机(MPP)等。当结点的处理机数目较少时,一般采用总线方式连接,但当处理机数目较多时可采用更复杂的互连方式。集群计算多运用于计算量较大的地理模拟,以节省运算时间(Buyya, 1999; Deng et al., 2019)。

目前,集群计算技术主要以 Hadoop 和 Spark 为主。Hadoop 是一个由 Apache 基金会开发的分布式系统基础架构。该框架允许使用简单的编程模型,以跨计算机集群的方式,对大型数据集进行分布式处理。Hadoop 框架的核心是 HDFS 和 MapReduce。HDFS 是一种分布式文件系统,为海量数据提供了存储,而 MapReduce 是一种编程模型,为海量数据提供了计算。Hadoop 可以将单个服务器扩展到数千台机器,并为每台机器提供本地计算和存储,用户可以在不了解分布式底层细节的情况下,开发分布式程序。Spark 是一个快速、通用的集群计算系统。Spark 为 Java、Scala、Python 和 R 提供了高层 API,并有一个经过优化、支持通用图计算的引擎。Spark 还拥有丰富的高级工具,包括用于 SQL 和结构化数据处理的 Spark SQL、用于机器学习的 MLlib 以及用于图计算的 GraphX 和 Spark Streaming。

志愿者计算(volunteer computing)指采用众包形式,用户可以自由地将个人计算机接入计算网络作为计算节点,来执行计算任务的一种计算模式。随着计算机技术的发展,多个领域(如生物学、天文学、化学、数学等)的志愿计算机项目数量不断增加,包括 BOINC、World Community Grid、Great Internet Mersenne Prime Search(GIMPS)、SETI@ home、Folding@ home 和 Genome@ home 等。这些项目采用分布式计算的形式,集合了志愿者的计算资源,能够支持大规模计算研究,适用于具有大规模计算量的模拟任务。因此,在涉及各种模式并且具有高度复杂性的地理模拟时,开放灵活的志愿者计算将成为地理建模与模拟的未来探索方向。

开放式计算(open computing)是指在开放式网络环境,基于共享资源所进行的计算。OpenGMS 计算框架是一个较为成熟的开放式计算框架,接入不同地理模拟资源并提供了多个计算层面,可以实现地理模拟得开放式网络计算。如图 5.12 所示,在面向模型用户使用需求下,整个分布式服务框架分为三层,分别为模型执行层、任务管理层和数据交换层。

模型执行层是模拟执行的最终承载底层,包含了大量安装了 OpenGMS 模型服务容器的计算资源,并将其作为计算节点。面向用户提交的模拟任务,可以将任务分派给不同的计算节点。这些计算节点上部署了大量面向不同地理过程模拟的模型服务。任务管理层主要包含两个服务模块:一个是面向模拟任务解析的管理服务器,另一个是面向模拟任务分派的任务服务器。数据交换层包含了装有 OpenGMS 数据服务容器或数据交换服务器的数据交换节点,用于用户和计算节点之间的数据交换。在数据交换过程中,数据交换节点需要注册到任务服务器中,在用户或模型服务容器进行数据上传操作时,会将与其关联的数据交换节点发送到数据上传方,以便进行数据交换。

## 5.2.4    开放式模型服务调度策略

在开放式地理计算网络下,模型服务和模型用户都分散在世界各地。通过分布式网络,可以将模型用户所需的地理分析模型与网络环境下的模型服务关

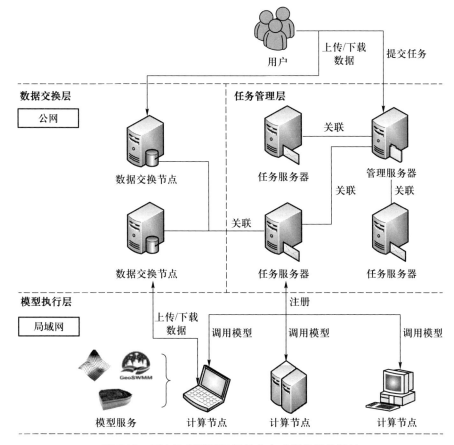

图 5.12　面向地理模拟运算的分布式服务架构设计

联起来,进而在分布式网络环境下执行地理模拟任务。根据地理模拟的运行特点,开放式模型服务调度主要分四个步骤,即任务解析、任务订阅、任务分发和任务执行。

1) 任务解析

用户通过构建地理模拟任务文档,组织针对某一地理问题所需的模拟任务。用户将地理模拟任务文档提交到管理服务器后,管理服务器对文档进行解析,分析其中所需的模拟、数据以及运行任务。

2) 任务订阅

管理服务器基于所需的运行任务,按照模拟运行的流程顺序,依次向任务服务器进行查询,查看是否有部署此模型服务的可用计算资源。在此过程中,基于匿名性原则,任务服务器不会向管理服务器返回具体信息,只会表示是否有能力承载该模拟任务的运行。当任务服务器可以承载该模拟运行任务时,管理服务器便向该任务服务器订阅模拟运行任务,并得到模拟运行任务的编号,以便查询该任务状态。当模型运行任务订阅失败时,管理服务器会向下一个任务服务器订阅模拟运行任务,直到全部任务服务器查询完毕。

3) 任务分发

模拟任务被订阅后,任务服务器开始根据之前的查询结果,将模拟运行任务分派给对应的计算节点。当承载此运行任务的计算节点不止一个时,任务服务器需要对比计算节点的性能,选择最佳节点执行模拟任务。确定计算节点后,模拟任务便存储在任务服务器中,等待下次模拟服务请求,以便领回对应的模拟任务并执行。当一定时间过后,任务依旧没有被领取,则任务会被标记错误,并停止派发。当目标节点接到模拟运行任务后无法完成时,该任务将会自动顺延分配至下一可计算节点,直至候选计算节点队列为空。

4) 任务执行

任务被派发给计算节点后,计算节点首先解析模拟运行任务,根据自身条件判断是否可以运行,例如,是否有可用的模型服务、同时执行的任务数量是否达到最大等。当模拟运行任务可以执行后,计算节点按照任务信息中的数据信息描述先行下载输入数据,并按照模拟运行任务调用与之关联的模型服务。模型执行结束以后,计算节点上传结果数据,同时将本运算任务信息更新至任务服务器。

## 5.3 模拟资源耦合

### 5.3.1 网格耦合

在地理建模过程中,一般采用以下两种策略处理地理空间数据。一种是将空间对象视为一个整体,例如,利用数值拟合或统计方法从整体上计算这一过程;另一种是将空间划分为不同的计算单元,在计算单元上构建模拟方程,例如,偏微分方程(PDE)、格子玻尔兹曼方法(LBM)和元胞自动机(CA)是基于离散化方法模拟空间复杂系统演化问题最常用的几种方法。其中,偏微分方程控制的动态问题通常基于离散网格系统,采用有限差分法(FDM)、有限元法(FEM)和有限体积法(FVM)等经典数值方法进行求解(Durran,2010;Versteeg and Malalasekera,2007;Zienkiewicz et al.,2013)。格子玻尔兹曼方法通常用于模拟复杂的流体系统,将流体视为由虚拟粒子组成(Chen and Doolen,1998;Perumal and Dass,2015),通常情况下,这些粒子会在离散网格上模拟连续传播和碰撞过程。元胞自动机方法是一种以元胞为基本计算单元的模拟方法,元胞由一系列规则的网格组成,但通常不考虑网格的边和节点;每个元胞的新状态由其当前状态和相邻元胞的状态确定(Varas et al.,2007;Wolfram,1984)。

综上所述,网格是数值计算中最重要和最基本的结构之一。由于不同类型的网格各具优势,所以用于具体地理事件或现象模拟时,需要因地制宜,综合考虑各种因素,选择合适的网格类型。因此,本节将对不同类型的网格系统进行总结分类,讨论网格计算相关理论和技术。此外,由于地理问题的多尺度性和复杂性,单一网格系统难以应用于复杂地理过程模拟,因此本节还会探讨更优方案,从而利用现有的网格系统开展综合地理模拟。

1)网格数据分类

网格划分是将待建模区域离散为网格单元的过程,如具有规则或不规则形状的小多边形或控制体积等。通常情况下,这些单元的形状是网格最明显的特征之一。目前,二维网格单元的形状主要包括三角形或四边形;三维网格单元的形状主要包括四面体、四棱锥、三棱柱体和六面体,如图 5.13 所示。

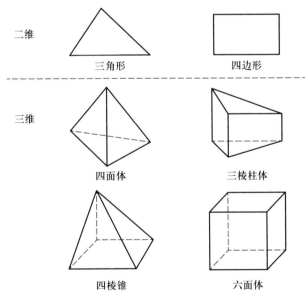

图 5.13　二维与三维网格单元的常见形状

为了描述网格及其单元,第一步是根据不同的标准将这些网格划分为不同的类别。例如,网格可以根据空间计算尺度分为全局网格或区域网格,根据不同的应用目标分为面向可视化的网格或面向建模的网格,以及基于空间维度的二维(2D)网格、表面网格和三维(3D)网格。由于网格结构与对应的数值方法关系密切,在分类方法中,网格结构通常作为网格分类最重要的指标(Williamson,2007)。因此,根据网格结构,离散网格目前可分为四大类:结构化网格、非结构化网格、混合网格和嵌合体网格。表 5.2 概述了按结构分类的不同类别网格的特征。

表 5.2　按结构分类的四种网格的特征

| 特征 | 结构化网格 | 非结构化网格 | 混合网格 | 嵌合体网格 |
| --- | --- | --- | --- | --- |
| 毗邻单位数 | 固定 | 不固定 | 不固定 | 不固定 |
| 网格形状 | 长方形<br>四边形<br>六面体 | 三角形<br>四边形<br>四面体<br>六面体 | 三角形<br>四边形<br>四面体<br>六面体 | 三角形<br>四边形<br>四面体<br>六面体 |
| 网格编码 | 简单 | 一般 | 复杂 | 复杂 |
| 边界拟合 | 可行 | 较好 | 较好 | 较好 |
| 数值建模 | 简单 | 一般 | 复杂 | 复杂 |
| 使用方法 | 可视化<br>数据组织<br>模拟 | 可视化<br>数据组织<br>模拟 | 模拟 | 模拟 |
| 应用领域 | 力学计算 | 力学计算 | 力学计算 | 力学计算 |

作为连接现实世界和地理模型之间的纽带,基于网格离散化方法,研究人员能将连续的现实世界分割为非连续的网格单元,进而构建地理分析模型,以预测地理现象演变过程,辅助制定相关应对策略。地理学各领域专家学者开发了诸多网格离散化算法。然而,由于网格数据的多源异构性以及算法程序对于运行环境的要求,这些算法并没有得到有效复用。此外,现有的网格数据生成方式步骤烦琐、效率低下,也阻碍了开放式地理模型集成相关工作的开展。

2) 网格数据组织形式

网格数据应以适当的数据结构进行组织,以便执行诸如索引之类的操作。网格数据可以采用如线性列表、链表、哈希表、堆和树等常用数据结构进行组织。在这些数据结构中,可以使用树结构进行局部网格细化,其中具备代表性的树结构包括二叉树、四叉树和八叉树。如图 5.14 所示,对于二维笛卡儿网格,如果涉及局部加密,通常使用四叉树数据结构;类似地,八叉树结构可以适用于三维网

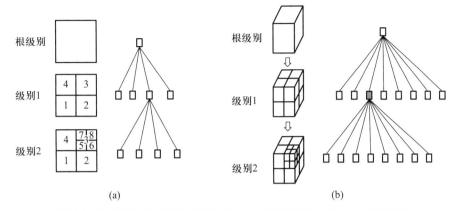

图 5.14 网格细化和相应的数据结构:(a) 四叉树细化;(b) 八叉树细化

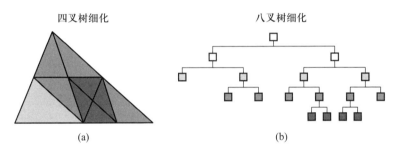

图 5.15 三角细化和树结构

格加密,如图 5.15 所示。树结构也可用于生成非结构化网格,如三角形或四面体网格可以将二叉树结构视为用于组织网格数据的另一种替代方法。

网格数据存储结构与网格生成算法程序开发者关系密切。实际上,在网格生成算法开发过程中,开发人员往往会根据编程语言特点、个人习惯以及行业通用数据格式编码制定网格数据格式。在地理模型集成领域,由于地理模型的多源异构特性,很难利用统一的网格数据内容结构对所有地理分析模型涉及的网格数据进行统一描述。一些商业化专业的网格生成软件,如 SMS、GMESH、Delft3D 等都提供了网格生成工具。然而,这些商用软件都拥有自己的网格存储格式,例如,MSH(.msh)文件和统一网格文件输入/输出格式 Visualization Toolkit(.vtk)、Plot3D Structured Mesh(∗.p3d)、Nastran Bulk Data File(∗.bdf)和 Tochnog(∗.dat)等常用网格数据格式。

与数据格式类似,网格数据内容组织结构也与算法开发人员的开发习惯密切相关。随着地理模型集成应用研究的发展,相关研究人员在开发、改进网格算法时,往往会采用一些基本数据组织形式,与常用网格数据内容组织结构对应。不同网格生成算法和网格数据格式受开发者影响具有较大差异。在实际集成建模过程中,建模者在集成两个使用不同格式网格数据时,往往需要消耗大量时间和精力了解网格数据内容组织形式,开发特定的解析脚本进行数据解析。然而,从网格本身来看,无论开发者采用何种语言,使用何种数据格式,网格数据都是由最基础的节点(node)和单元(element)构成。目前,数据头和数据体是应用最广的网格数据内容组织结构。例如,Tochnog 格式网格数据(图 5.16),数据头包含软件版本等基础信息,数据体存储的数据较为复杂,包含网格的节点信息和单元信息。

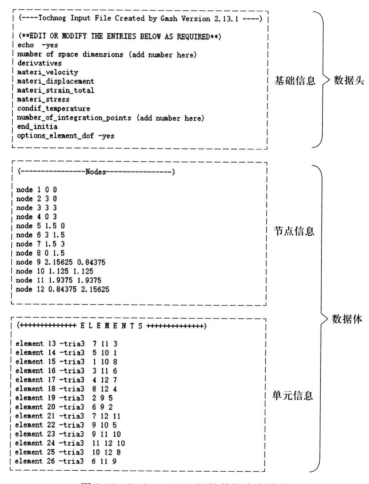

图 5.16　Tochnog( .dat)网格数据内容结构

3) 网格自适应方法

在多数情况下,为了实现计算负载和模拟效率之间的平衡,研究人员会在模拟或建模期间对网格空间分辨率采用某种自适应方法。可变分辨率的网格已广泛应用于区域和全球尺度的大气建模( Ferguson et al., 2016；Fox-Rabinovitz et al.,2008;Fox-Rabinovitz et al.,2006;Weller,2009;Weller et al.,2016;Zarzycki et al.,2014)和海洋建模(Blaise and St-Cyr,2012;Bonev et al.,2018;Düben and Korn,2014;McGregor,2015;Popinet et al.,2010;Tsai et al.,2013)。具体而言,如图 5.17 所示,目前有三种主流网格匹配技术可实现网格自适应,包括网格嵌套、网格伸缩和自适应网格加密(AMR)(Jablonowski et al.,2009)。在建模过程中,采用前两种自适应技术的网格总数量保持不变,也称为"R-细化"技术;采用第三种技术的网格数量总是处于变化中,也称为"H-细化"技术。

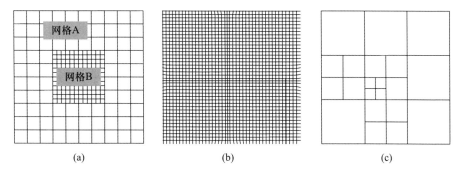

(a)　　　　　　　　　　　(b)　　　　　　　　　　　(c)

图 5.17　三种 2D 规则网格转换主要技术:(a)两层网格嵌套技术(细网格 B 嵌入粗网格 A 中);(b)网格伸缩技术;(c)自适应网格四叉树加密技术

网格嵌套指将固定大小的细网格块嵌入粗分辨率模型中,粗网格模型为嵌套子区域的边界条件提供背景信息场,其广泛应用于区域大气或海洋预报建模(Barth et al.,2005;Debreu et al.,2012;Harris and Lin,2014,2013;Nash and Hartnett,2014;Sheng and Tang,2004)。网格嵌套可以用于将大尺度模拟与指定区域的真实中尺度预测相结合,如著名的区域气候模型 MM5(第五代宾夕法尼亚州/NCAR 中尺度模型)、WRF(有限区域天气和研究预测模型)和 CRCM(加拿大区域气候模型)(Caya and Laprise,1999)等。通常情况下,细网格和粗网格之间的网格分辨率比不应超过 5,并且不同分辨率的网格区域由不同模型执行模拟任务(Denis et al.,2002)。因此,必须采用特定方法以减弱细网格和粗网格公共边界上的数值不一致性问题。目前,处理公共边界数据相互交换主要有两种技术,分别为单向嵌套和双向嵌套(Harris and Durran,2010)。对于单向嵌套,粗网格上求解的值往往独立于嵌套网格上的值,即嵌套区域上的值与粗网格上的值无关,嵌套子区域的边界条件完全受粗网格控制。对于双向嵌套,粗网格上的值由过渡区域上的值不断更新,其中细网格和粗网格重合。在大多数情况下,双向嵌套优于单向嵌套。

网格拉伸是另一种网格转换方法,常用于提高局部区域网格精细程度,同时保持网格节点或单元的总数恒定(Chakraborty et al.,2003;Fox-Rabinovitz et al.,2008;Tomita,2008;Uchida et al.,2016)。与嵌套技术不同,基于网格拉伸的模型不需要插值以使粗分辨率网格和精细分辨率网格之间的数据保持一致。对于过程模拟,动态 AMR 是目前最灵活的可变分辨率技术。AMR 可以根据模拟需要,对细分辨率的网格进行局部加密或粗化,并根据自适应标准的要求随时改变网格点的数量(Behrens et al., 2005; Jablonowski, 2004; Jablonowski et al., 2006; Läuter et al., 2007; St-Cyr et al., 2008)。

　　动态 AMR 适用于过程模拟。在二维中,AMR 有两种主要策略,即非协调求值和协调求值。非协调求值会生成不一致网格(图 5.18a),而协调求值会生成具有一致可变分辨率的四边形网格(图 5.18b)。在细分过程中,每个"父单元"可被划分为几个"子单元"。对于每个"父单元",将在每个边的中心点添加一个新点。对于二维结构化的四边形,该方法还会在质心处添加一个新点,通过连接这些点将生成四个新的"子单元"。因此,每个四边形的"父单元"都会产生四个新的"子单元"。这种方法的优点是总体拓扑保持不变("子单元"取代"父单元")。其细分过程类似于三角形"父单元"。在这种情况下,四叉树结构对于网格管理非常有效。

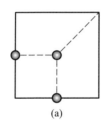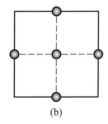

(a)　　　　　　　　　　(b)

图 5.18　四边形网格局部细化的基本策略:(a)不一致
匹配;(b)一致匹配

　　如图 5.19 所示,目前在三角形网格有三种使用 AMR 进行局部网格细化的方法,包括最长边(LE)二等分、重心分割和 4T 相似分区。最简单的方法是两个三角形最长边(2T-LE)二等分法。除此之外,还有其他在这三种方法的基础之上发展出来的用于三角形网格的 AMR 策略(Behrens and Bader, 2009; Borouchaki and Frey, 1998; Padrón et al., 2007; Plaza et al., 2009)。

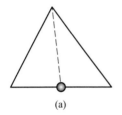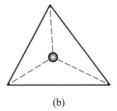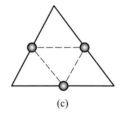

(a)　　　　　　　　(b)　　　　　　　　(c)

图 5.19　三角形局部网格转换的基本策略:(a)最长边二等分;
(b)重心分割;(c)4T 相似分区

　　六面体和四面体是 3D 中最常使用的单元。对于六面体细化,有四种常用细化模式,包括全细化模式、面细化模式、边细化模式和点细化模式(图 5.20)(Cai et al.,2012;Elsheikh and Elsheikh,2014;Ito et al.,2009;Nicolas et al.,2016;Shepherd et al.,2010;Sun et al.,2012;Zhang et al.,2013)。对于四面体细化,最长边(LE)二等分法是最常用的划分方法之一(图 5.21)(Bey,2000),除此之外还有 8T-LE、标准分割和 3D 重心分割等替代方法(图 5.22)(Suárez et al.,2005)。

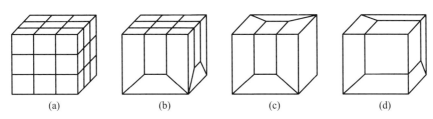

(a)　　　　(b)　　　　(c)　　　　(d)

图 5.20　六面体网格细化模式:(a)全细化模式;(b)面细化模式;
(c)边细化模式;(d)点细化模式

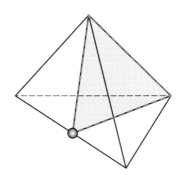

图 5.21　四面体的最长边(LE)二等分(Bey,2000)

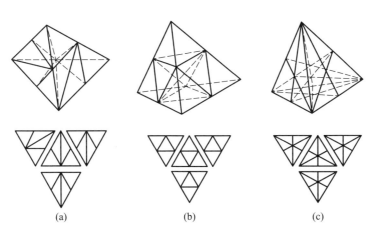

(a)　　　　(b)　　　　(c)

图 5.22　四面体网格局部细化的原理技术:(a)8T-LE;(b)标准分割;
(c)3D 重心分割(Suárez et al.,2005)

### 5.3.2 尺度耦合

1）模拟尺度定义

地理模拟尺度是地理学研究中的一个基本概念。尽管在地理研究过程中会考虑多尺度数据、模型和其他产品,但尺度不匹配会对结果影响很大。因此,尺度兼容性对于地理过程模拟显得至关重要(张春晓等,2014)。地理学中的尺度效应研究自 20 世纪 30 年代就已经开始(Gehlke and Biehl,1934),随着"可塑性面积单元问题"(Modifiable Areal Unit Problem,MAUP)(Openshaw,1983)的提出,尺度已经成为地理学中的重要研究点。地理学研究不断发展,尺度概念也不断丰富,从最基本的地图比例尺到时空尺度、观察尺度、语义尺度等。但由于不同学科的差异,尺度概念会有不同的理解和定义。例如,Goodchild（2011）讨论了地理数据和表达的尺度含义;Meng 和 Wang(2005)讨论了尺度的相关概念;Wu 等(2006)分析了尺度概念的维度、类别等,并梳理了它们之间的联系;Schulze(2000)面向应用分析了尺度概念。在上述研究基础上,参考 Wu 等(2006)对尺度概念的定义框架,下面对尺度概念进行了丰富和补充,如公式(5.1)所示。

$$\text{Scale} = S(\text{dimension}, \text{kind}, \text{component}) \tag{5.1}$$

式中,维度(dimension)指时间、空间、等级层次及语义维度;类别(kind)包括观察尺度、测量尺度、操作尺度、过程尺度四个方面;组成因素（component）包括分辨率(粒度)、范围、窗口(zone window)、采样间隔、制图比例尺等。

上述三个参数共同定义了尺度的概念,其中维度是进行尺度研究时需要考虑的角度,包括有明确认识的时间维、空间维、等级层次维度和语义维度。其中,等级层次维度指拥有不同过程速率并相互作用的地理实体通过方向性排序而形成的不同层次(Wu,2007);而语义维度即通过概念和属性蕴含语义形成的等级组织,说明地理现象和实体是什么,具有什么样的性质特征(Liu et al.,2007)。尺度类别的概念如表 5.3 中所述,其中备注了类似的概念以便理解(张春晓等,2014)。组成因素是实际研究和应用中可操作的因素,而维度和类别会为如何确定组成因素提供指导。

地图作为地理研究的载体,也是地理研究尺度演变的重要指标。高俊讨论了地图的语言功能,林珲等讨论了地理学语言的演变,即传统地图、地理信息系统及虚拟地理环境(Lin et al.,2003),三者关系上后者包含前者,但又各有侧重(Lin and Zhu,2005)。下面将基于这个侧重点的不同,来讨论尺度概念的演变。对于传统的纸质地图,一旦制成,所表示的内容就被"固化"了。而地图上的信

表 5.3 尺度类别的概念

| 术语 | 定义 | 备注 |
|---|---|---|
| 观察尺度 | 收集数据、开展观察研究的范围尺度 | 类似于实验尺度 |
| 测量尺度 | 最小可观察的单位范围,如分辨率、粒度、步长等 | 类似于观察尺度 |
| 操作尺度 | 行政管理行为所在的范围尺度 | 类似于政策尺度 |
| 过程尺度 | 地理过程自然(内在)发生或控制的尺度,包括时空维度、范围、粒度等方面 | 类似于操作尺度,现象尺度,固有尺度 |

息,只是地理过程的瞬时记录,很难进行动态分析。所以主要考虑地图距离与地球表面实地距离的比值,即地图比例尺(Smelser and Baltes,2001)。从维度来讲,着重考虑了空间维,而时间维或是语义维度基本没有体现。

地理信息系统是地图的延续,即用地理信息系统扩展地图学工作的内容和功能,同时提供了对地理数据综合分析的功能,包括数据获取、存储、管理、检索、分析等(Walsh et al.,1998)。相对于传统地图,地理信息系统支持制图功能,所以会涉及制图比例尺因素。同时,地理信息系统的特点还在于空间分析,因此,分辨率、区域范围、分析窗口等都会在地理信息系统中得以体现。例如,Store 和 Jokimäki(2003)使用栅格地理信息系统生成多分辨率的地理数据来分析生态适宜性模型;Walsh 等(1998)在考虑不同区域范围的情况下,研究了山体滑坡分布与灾害关系;亦有学者应用 Moran's $I$ 尺度图和窗口方案来分析特征层次和尺度等(Zhang and Zhang,2011)。同时,动态地理信息系统、语义地理信息系统等使得时间维、语义维都得以体现(Quattrochi and Goodchild,1997)。此外,随着地理信息系统的广泛研究和应用,尺度概念定义中的不同类别,如观察尺度、测量尺度等都需要在地理信息系统中进行考虑。然而,由于地理信息系统对动态地理过程模拟支持有限,所以尺度种类中的过程尺度很少涉及。

虚拟地理环境的发展源于地理信息系统和虚拟现实(virtual reality, VR),是地理信息系统的进一步扩展,它集成了数据库和模型库,加强了对动态地理过程的研究能力(Lin et al.,2002;Paris et al.,2009),所以尺度概念也愈加丰富。Chen(2004)研发了虚拟地理环境原型,通过多源数据融合和多尺度可视化表达来研究青藏高原;Xu 等(2011)研发了虚拟地理环境平台以支持可视化表达与分析,在其系统中以跨行政边界的空气质量过程作为案例,考虑了过程尺度、操作尺度等。

综上所述,依据尺度概念的三个参数,即维度、类别和组成因素,回顾其演变过程可以发现,随着地理学语言的演变,尺度概念愈加全面、复杂,特别是面向多尺度、跨圈层的地学系统和分析(表 5.4)。由于地理过程自身的尺度依赖性,以及地理数据、模型等的尺度依赖性,如何实现在适宜的尺度下开展研究,以保证研究方法的准确性、数据与模型的合理性以及结论的有效性,同样成为开放式地理建模与模拟理论的重要方面。

表 5.4　尺度概念随地理学语言的演变

| 地理学语言 | 尺度维度 | | | | 尺度类别 | | | | 组成因素 | | | | |
|---|---|---|---|---|---|---|---|---|---|---|---|---|---|
| | 空间 | 时间 | 层次 | 语义 | 过程尺度 | 观察尺度 | 测量尺度 | 操作尺度 | 分辨率 | 范围 | 窗口大小 | 采样间隔 | 比例尺 |
| 地图 | √ | | | | | √ | √ | √ | | √ | | | √ |
| 地理信息系统 | √ | √ | | √ | | √ | √ | √ | √ | √ | √ | √ | √ |
| 虚拟地理环境 | √ | √ | √ | √ | √ | √ | √ | √ | √ | √ | √ | √ | √ |

2) 模拟尺度适宜性

尺度适宜性,也可称作尺度匹配性,是指在地理建模与模拟研究中,研究目的与地理模型、地理数据的尺度合适程度。依据对尺度概念的综合分析,尺度适宜性问题可以从以下几个方面进行讨论分析。

(1) 在相应维度上组成因素层次的适宜性

尺度概念的组成因素包括分辨率、研究范围、采样间隔等。上述因素是尺度概念中可操作的部分,只有组成因素层次的尺度匹配得到保证,不同尺度类别及不同维度的尺度匹配才能合理。以数据分辨率与模型分辨率的适宜性为例,虽然经常谈到多尺度数据组织、模型与表达等,但涉及数据、模型混合的尺度适宜性还需要做很多工作,包括数据的尺度效应会对地理过程的模拟分析带来什么程度的影响,不同尺度的模型又会对地理过程的模拟认知带来什么程度的影响等。例如,空间分辨率的降低对景观、模拟的格局(物种组成)以及火干扰过程的影响等(Syphard and Franklin,2004)。

(2) 在相应维度上不同尺度类别间的适宜性

目前而言,没有一个尺度会适合所有地理过程的研究,这几乎是一个不争的事实(Chave and Levin,2004)。因此在地理学研究中,需要综合考虑地理过程的多尺度特性以及不同的研究和应用目的,来选择观察和测量等尺度,以实现不同尺度类别间的尺度匹配。其中,研究和应用目的与尺度类别间的匹配尤为重要,由于地理过程的规律在不同尺度上表现可能不同,因此并不表示观察或测量尺度越精细越好。例如,在珠三角区域,气象风场过程既受到大尺度上气象场的控制作用,也会有小尺度的海陆风及地形风的影响,这些不同尺度的过程共同造成了珠三角三维空间的风场分布及变化。针对不同研究目的,选择适宜的尺度,才能获得合理的结果,从而成功分析不同尺度过程的作用。通常来讲,用较大尺度模拟结果来分析局部尺度上的相关过程会产生由尺度不匹配带来的问题。

(3)不同维度间的尺度适宜性

同一维度上的研究相对常见,例如,Stoter 等(2011)对于语义维度的研究,同时相关专家对于时间维、空间维及没有严格定义的等级维度也开展了研究。可惜,对于不同维度的综合考虑还非常欠缺,虽然偶有时空维的研究(Young,2002),但综合考虑多种维度及定量化描述研究还需进一步开展。

(4)不同领域——地球各圈层过程间的尺度适宜性

存在于同一时空的多个过程和格局等,亦有"叠加"作用(Peterson and Parker,1998)。由于不同过程间的相互作用是在一定尺度范围内才能体现出来的,在不同尺度范围内其作用可能不尽相同(Wu et al.,2009)。这对集成研究和相关应用提出了尺度匹配的要求。例如,研究表明植被指数与地形要素相关,但在不同尺度上表现不同;考虑到水文过程与气象过程的相互影响,Yarnal 等(2000)通过耦合水文和大气模型,分析了水文过程对降水过程在多时间尺度上的响应。此外,对于短时间、小范围的空气质量研究,可以忽略水体对这一过程的加强或减弱作用,但对于长时期、大区域的空气质量问题,水体的作用就不容忽视(张春晓等,2014)。地理建模与模拟的研究对象为人类生存与发展的地球表层,是由自然地理环境和人文地理环境(经济环境和社会文化环境)相互联结、相互作用的系统整体(Gong et al.,2010),其研究和应用会涉及不同领域的地理过程,所以这一层次的尺度适宜性对地理建模与模拟亦是至关重要的一环。

为了在研究和应用中实现尺度适宜性,下面分析以上四组尺度适宜性之间的关系。在尺度概念中维度是最抽象的,组成因素是最可操作的,而尺度类别位于两者之间,可以发现第一组组成因素层次的尺度适宜性是基础。相比之下,因为不同地理过程综合研究和应用时的尺度适宜性是建立在单一地理过程尺度适宜性的基础上,所以这是最高层次的尺度适宜性。单一地理过程研究和应用中的尺度类别和尺度维度的尺度适宜是中间层次,依赖于组成因素的适宜性。在尺度适宜性实现中,下层尺度适宜性是上层尺度适宜性的基础;同时,上层尺度适宜性对下层的实现提供指导。此外,尺度适宜性的评价依据,一般会考虑模拟和分析的准确性、效率以及可行性等方面。考虑到地理学问题的复杂性,评价指标需要在具体研究和应用中具体考虑,如地形数据用于水文模拟的准确性等。

尺度适应性分解的目的是在开放式地理建模与模拟研究中考虑尺度的兼容性,即实现适应性。为系统地考虑这一问题,对上述四个尺度兼容性水平之间的关系进行了详细研究。如图 5.23 所示,基于交互过程(如气象和水文)对多个交互过程的尺度兼容性进行评估。为了生成简洁的图形,只绘制了每个级别的第一个项目的链接。对于每个过程,针对不同维度估计规模兼容性。此外,对于每个维度,必须考虑不同的比例类型。每种比例类型都反映为相应的比例分量。因此,顶层作为较低级别兼容性的指导,底层的尺度兼容性可接受性代表了较高兼容级别的基础。通过这样的程序,将尺度兼容性从多个过程逐步划分为维度、类型和组件是可行的。

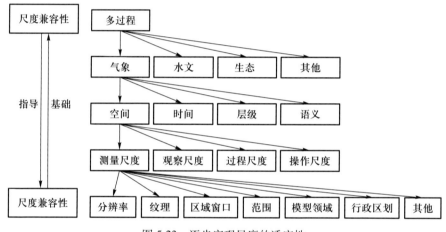

图 5.23　逐步实现尺度的适应性

# 5.4　分布式运行

## 5.4.1　分布式运行结构分析

随着计算机技术的发展,云共享、分布式共享等技术的出现推动着地理分析模型在共享与复用领域的进步。同时,网格计算、分布式计算、公共资源计算等概念不断涌现,如何在分布式网络环境下利用志愿者们共享出来的地理模拟资源进行地理模拟成为新的议题。本书的分布式集成建模以模型服务和数据处理服务为数据计算的基本承载工具,研究如何在分布式架构下进行地理模型分布式集成的执行控制,最终落实在如何根据研究者组织分布式地理集成模型的内在逻辑,对流程中各个服务进行调度执行。基于此,本节提出一种面向服务的地理模型分布式运行控制架构设计,以解决这一问题。

就地理模型分布式集成运行阶段而言,从流程构建完成直到获取到最终结果,可以分为流程转换、流程流转驱动、流程调度和服务执行和结果输出几个阶段。

从科学工作流的角度出发,执行调度架构分为集中式、层次式和分布式,本节根据地理模型分布式集成的需求,结合科学工作流的研究经验,采取层次式与分布式相结合的运行控制架构。如图5.24所示,本研究将面向服务的运行控制架构分为表示层、转换层、业务逻辑层、调度层和服务组件层(或服务层)。其中,各个层级之间具有层次式关系,表现层负责与用户的交流;转换层和业务逻辑层采取中央调度的方式;根据流程逻辑结构统一进行处理和控制,并在驱动流程运转时将调度执行任务分发到调度层;而在调度层采取分布式的架构,各个调度层再从各自管理的服务组件层中分析选择计算节点,并进行计算任务的派发。

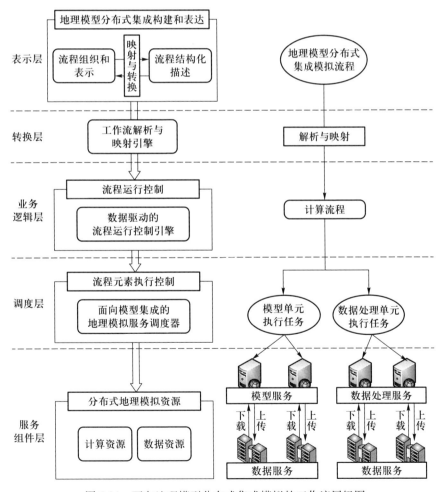

图 5.24    面向地理模型分布式集成模拟的工作流层级图

- 表示层:对应为基于科学工作流的集成模型表达,其中涉及了对地理集成模型运行流程的组织与描述。
- 转换层:主要对应于流程转换阶段,即把地理模型分布式集成运行结构化描述转换为计算程序对象,进而映射为计算机自动执行程序流程。
- 业务逻辑层:地理模型分布式集成运行流程中包含由基本结构组成的复杂逻辑结构,需要对这些逻辑结构进行分析,得到流程的运行控制结构。同时,模型的不同模块之间存在数据和信息的传递,需要对这些传递进行处理和操作,从而驱动整个流程运转。业务逻辑层通过数据驱动的流程运转引擎,按研究者构建的流程结构和方案思路,进行流程的运转,对各个步骤的执行进行控制。
- 调度层:一个计算模型或处理方法对应的程序服务可能部署在不同的计算节点上。一个模型单元或数据单元往往对应了多个符合需求的计算服务。调度层通过匹配对应的计算服务,并根据计算节点负载的动态变化,择优选择出最佳节点执行计算,并采取就地策略解决大数据量下传输和计算效率较低的问题。
- 服务组件层:包含了大量分布式计算节点,每个节点上部署了一定数量的地理模型服务和数据处理服务,通过统一接口的方式对这些服务进行调用,从而更好地解决地理模拟资源共享与复用的问题。

此外,地理分析模拟运行过程中所涉及的数据以数据服务的形式存在于数据存储节点上,通过统一的数据接口获取,服务计算完成之后将输出数据上传到数据容器中,从而实现数据与业务的解耦。同时,地理模型分布式集成中涉及的模型数据众多,运行控制往往涉及多个层次、不同引擎、不同服务,产生错误的原因也可能各不相同,例如,服务组件层往往会计算出错、服务组件层可能由于网络波动出现错误。因此,需要对错误信息进行逐级反馈、解析以及层级间的转换,并据此进行错误处理。

## 5.4.2 分布式运行流程表达分析

分布式地理集成模型从结构化描述到计算流程的解析与映射,首先需要对流程的程序结构进行设计,从而以计算机程序能够理解的语言对集成模型进行表达。其中,所需要表达的内容包括分布式地理集成模型和各个模型模块的属性、流程的逻辑结构、地理模拟资源服务的引用和模型模块的执行状态。

1) 分布式地理集成模型和各个模型模块的属性

在集成模型表达中,需要对流程和各个模型模块的属性进行描述表达,包括面向的问题、关键词、简介等概念和逻辑层面的属性信息。在面向服务的运行控制架构中,各个程序对象设计的最终目的应是为了执行服务,因此这类属性可以适当予以舍弃精简,而对于执行相关的属性例如步骤等信息予以保留和描述。

2）流程的逻辑结构

在集成模型表达中,流程的逻辑结构以控制模型模块进行组织关联,主要包含条件选择对流程分支的控制、数据和信息传递关系对模型模块依赖关系的表达。在程序对象中同样使用这些信息对逻辑结构进行描述,通过设计对应的对象,将这类信息设置为对象的属性,以支持计算机执行。

3）地理模拟资源服务的引用

分布式架构下的地理模型服务资源可能存在于不同的计算节点上,同时由于处于开放网络环境下,计算节点的部署情况往往也是动态的,因此需要通过引用来关联对应服务以支持服务的寻找与匹配。

4）模型模块的执行状态

对于面向服务的运行控制架构来说,模型模块的执行与指令控制往往是解耦的,通常由业务逻辑层和调度层发出控制指令,而在服务组件层进行执行计算。因此,运行状况反馈是了解模型模块执行状态的重要方式,需要对执行状态属性进行设计以更好地追踪模型模块的运行状态并辅助整个集成模型的运行。

### 5.4.3　基于 QoS 的模型运行计算资源调度

服务质量(QoS)起源于 Web 服务研究领域,在网格计算任务调度方面已经得到了广泛的应用,因此也可用于支持地理分析模型运行时的计算资源调度。为了实现基于 QoS 模型的计算资源调度,首先需要了解 Web 服务领域下 QoS 模型的具体研究内容。

在 Web 服务研究领域,QoS 即服务的非功能属性,如服务的响应时间、可靠性、吞吐量、可用性等,已经成为确定 Web 服务实用性的重要标准。目前,对于网络服务 QoS 要素的定义并没有统一的标准,不同研究组织和机构都有着自己的定义,其中最具有代表性的是国际万维网联盟(World Wide Web,W3C)对于通用网络服务提出的推荐 QoS 要素集,包括了诸如性能、可靠性、可伸缩性、负载、鲁棒性、容错性、完整性、可访问性、可用性、互操作性、安全性以及网络相关要素等。通过使用 QoS 模型,可以优选出不同级别的服务,同时也可以区分不同级别的服务提供者。

QoS 模型在常规的 Web 服务中主要有以下三种作用:
- 服务描述:用于描述 Web 服务的非功能属性特征,是反映服务功能完成情况的重要性能指标;
- 服务的发现和选择:当存在许多功能相近或者相同的服务都能满足用户需求时,用户更倾向于根据服务质量做出更好的选择;
- 服务的监督和反馈:在服务提供者与服务消费者之间建立监督和反馈的机制。服务消费者在服务运行结束后可以根据预定义的质量指标来评估服务是否完成任务,然后根据完成的结果对服务进行反馈。而服务提供商则可以通过服务消费者提供的有关信息,统计和分析服务的反馈信息来改进服务,以提高服务的各项指标,从而更好地满足动态环境中的用户需求。

地理模型服务本质上也是网络服务的一种,只不过拥有地理学领域独有的特征。为此,面向地理模型服务的发现和组合等需求时,可以设计地理模型服务相关的质量评估模型,通过构建相应的调度方法,对服务集成链进行调度优化,在满足用户对于特定服务设置的 QoS 约束同时,最大限度提高服务集成流程执行的效率。

1) 地理模型服务 QoS 模型的整体设计

为了设计和提供更好的服务质量评估,首先必须要确定地理模型服务相关的所有 QoS 要求。前文提及国际万维网联盟推荐的 Web 服务 QoS 要素集,虽然其内容众多,但是地理模型服务与一般的 Web 服务有着本质的不同。承载着模型服务的计算资源各不相同,有用户个人计算机,也有网络上公开的服务器资源,这些计算资源的性能对模型服务质量的衡量起到了决定性的作用,所以模型使用者在主观选择模型服务时往往更多关注的是计算资源能否使得地理模型更高效的执行。

在结合 Web 服务领域部分通用网络服务要素的基础上,本节所提供的方法增添了与计算资源性能相关的评价要素,形成可扩展的服务质量模型。其主要属性包括性能(Performance)、可靠性(Reliability)、可用性(Availability)、信誉度(Reputation)、CPU 性能(CPU_Performance)、内存容量(Memory_Size)。性能、可靠性、可用性和信誉度是其他相关文献中经常使用的典型属性(Yue et al., 2014),表 5.5 中提供了这些属性的定义,可以根据实际的应用需求添加更多的属性。

在表 5.5 中还给出了用于评估 QoS 属性值的一些方法,由于其中一些属性没法直接通过计算资源进行评估,为此需要第三方公证来提供相应的 QoS 测试。例如,采用服务代理中心的方法,用户可以通过代理中心提供的对外接口获取到相关 QoS 属性值,就如 Web 领域上可用的 QoS 监视服务一样,它能够对已发布的网络服务进行相应的测试。此外,服务代理中心还可以收集用户对地理模型服务的评价,是模型服务信誉度数据的直接来源。

表 5.5　QoS 属性的定义与测量方法

| 属性名称 | 属性定义 | 测量方式 |
| --- | --- | --- |
| 性能 | 表示地理模型服务请求的响应速度,本质上与计算资源的网络状况相关:Qperformance = Ping_value/$n$。其中 Ping_value 表示在给定次数内的响应时间总和,$n$ 表示指定次数 | 服务代理 |
| 可靠性 | 代表在指定时间间隔内成功执行服务的概率:Qreliability = $N/n$,其中 $N$ 是给定执行次数($n$)中运行成功的次数 | 服务代理 |
| 可用性 | 代表地理模型服务可用的可能性:Qavailability = $N/n$,其中 $N$ 是在给定的执行次数内服务成功启动的次数 | 服务代理 |
| 信誉度 | 模型使用者对于地理模型服务的综合评分 | 直接评估 |
| CPU 性能 | 模型服务所承载计算资源的 CPU 性能评分 | 直接评估 |
| 内存容量 | 模型服务所承载计算资源的内存容量大小 | 直接评估 |

2) 地理模型服务 QoS 评估

在获取到地理模型服务各个要素值后,就可以进行 QoS 的综合评价,其中评估过程主要包含三个步骤:QoS 属性值的标准化、QoS 属性的权重确定和 QoS 评估模型的选择。

(1) QoS 属性值的标准化

由于地理模型服务 QoS 在取值范围和单位量纲上的不一致,因此在进行综合评价之前需要对各要素值的原始值进行归一化处理。QoS 属性值可以分成两类:正值和负值。对于正值而言,其值越大,则表明其属性代表的质量越高;负值则与之相反。

正负值的归一化方法{Formatting Citation}分别遵循公式(5.2)和公式(5.3)。

$$q' = \begin{cases} \dfrac{q-q_{\min}}{q_{\max}-q_{\min}} & (q_{\max}-q_{\min} \neq 0) \\ 1 & (q_{\max}-q_{\min} = 0) \end{cases} \tag{5.2}$$

$$q' = \begin{cases} \dfrac{q_{\max} - q}{q_{\max} - q_{\min}} & (q_{\max} - q_{\min} \neq 0) \\ 1 & (q_{\max} - q_{\min} = 0) \end{cases} \tag{5.3}$$

（2）QoS 属性的权重确定

QoS 属性的权重不仅影响着 QoS 评估的结果,其还具体映射着用户的偏好。多因素影响权重的确定方法主要包括主观经验法、专家评分法、德尔菲法(Delphi Method)和层次分析法(analytical hierarchy process, AHP)等。主观经验法需要丰富的用户经验,专家评分法和德尔菲法在具体的实践中都很难操作,而层次分析法作为一种定性和定量相结合的、系统性的分析方法,对于各要素之间重要程度的量化更具有科学性。层次分析法在进行要素之间的成对比较时,用户的偏好可以被强制执行。为此,可以选择层次分析法来确定 QoS 各属性的权重。

（3）QoS 评估模型的选择

模型服务的 QoS 需要选择合适的数学模型进行综合评估,常见的有模糊综合评价模型和线性加权模型。模糊综合评价模型的评估过程复杂,但是对于参考边界模糊、不易定量表达的质量要素评估具有更高的准确性;简单线性加权模型原理简单且有效,并且在具体的实践过程更易于操作。对于地理模型服务的 QoS 评估而言,线性加权模型更易于操作。图 5.25 展示了地理模型服务的具体 QoS 评估流程。

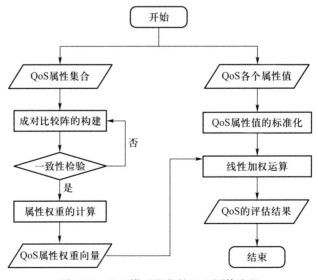

图 5.25    地理模型服务的 QoS 评估流程

# 参 考 文 献

陈静, 包龙海, 李琳. 2012. 基于 Global Mapper 的 DEM 数据格式转换. 测绘技术装备, 14(3): 41-43.

丁小茜. 2015. 基于室内装修的室内外空气污染数值模拟研究. 中北大学硕士研究生学位论文.

丁新, 苏理宏, 王华, 景娟, 唐世浩, 王锦地, 吴门新. 2003. 基于 COM 组件式定量遥感模型库的实践. 地球信息科学, (3): 79-85.

房永杰, 张耀存. 2011. 区域海气耦合过程对中国东部夏季降水模拟的影响. 大气科学, 35(1): 16-28.

付标, 赵跃. 2015. 基于 Global Mapper 实现 CAD 与 Google Earth 间的转换. 北京测绘, (1): 101-103.

孔凡哲, 宋晓猛, 占车生, 叶爱中. 2011. 水文模型参数敏感性快速定量评估的 RSMSobol 方法. 地理学报, 66(9): 1270-1280.

李德仁, 李清泉. 1997. 一种三维 GIS 混合数据结构研究. 测绘学报, (2): 36-41.

李刚, 朱庆杰, 张秀彦, 王志涛. 2006. 基于 FME 的城市 GIS 基础空间数据格式转换. 测绘通报, (4): 17-20.

李杰. 2014. 基于 CityGML 三维建筑物模型的室内空气流动模拟研究. 南京师范大学硕士研究生学位论文.

李军, 周成虎. 1998. 地球空间数据元数据标准初探. 地理科学进展, (4): 57-65.

李兰. 2012. 兼顾数据与功能分类的地理模型封装与集成方法研究. 南京师范大学硕士研究生学位论文.

李连伟. 2005. 地理信息交换共享系统研究与开发. 华东师范大学硕士研究生学位论文.

李硕, 康杰伟, 王志华. 2010. 基于输入文件定制的 SWAT 模型集成应用方法研究. 地理与地理信息科学, 26(4): 16-20.

李志林, 蓝天, 遆鹏, 徐柱. 2022. 从马斯洛人生需求层次理论看地图学的进展. 测绘学报, 51(7): 1536-1543.

刘桂芳, 潘文斌. 2014. 大气扩散模型 AERMOD 与 CALPUFF 输入数据的对比研究. 环境科学与管理, 39(9): 93-96.

刘军志, 宋现锋, 汪超亮, 胡勇. 2008. 基于 OGC WPS 的遥感图像分布式检索系统研究. 地理与地理信息科学, (4): 1-5.

刘伟. 2010. 基于地理本体的空间数据服务发现与集成. 中国矿业大学博士研究生学位论文.

刘鑫, 陆林生. 2012. 拼接网格通量守恒插值算法研究. 计算机应用与软件, 29(2): 275-278.

吕建, 张鸣, 廖宇, 陶先平. 2000. 基于移动 Agent 技术的构件软件框架研究. 软件学报, (8): 1018-1023.

马功社, 惠维渊, 杨义辉. 2010. 基于 FME 实现矿山空间数据的转换与共享. 矿业安全与环保, 37(5): 26-28.

盛春淑, 罗定贵. 2006. 基于 AVSWAT 丰乐河流域水文预测. 中国农学通报, (9): 493-496.

苏建云, 黄耀裔, 陈文成. 2009. 基于 FME 的 GIS 数据格式转换研究. 北京测绘, (1): 36-39.

孙雨, 李国庆, 黄震春. 2009. 基于 OGC WPS 标准的处理服务实现研究. 计算机科学, 36(8): 86-88+137.

谭羽丰. 2019. Linux 平台下地理分析模型服务化封装方法与部署策略研究. 南京师范大学硕士研究生学位论文.

田汉勤, 刘明亮, 张弛, 任巍, 徐小锋, 陈广生, 吕超群, 陶波. 2010. 全球变化与陆地系统综合集成模拟——新一代陆地生态系统动态模型 (DLEM). 地理学报, 65(9): 1027-1047.

王康. 2011. 地理信息共享平台及其关键技术的研究与应用. 广东工业大学硕士研究生学位论文.

王艳东, 龚健雅. 2000. 基于中国地球空间数据交换格式的数据转换方法. 测绘学报, (2): 142-148.

王中根, 郑红星, 刘昌明. 2005. 基于模块的分布式水文模拟系统及其应用. 地理科学进展, (6): 109-115.

吴昊. 2012. 警用基础地理信息数据转换问题研究. 科技创新导报, (23): 39.

吴军, 张万昌. 2007. SWAT 径流模拟及其对流域内地形参数变化的响应研究. 水土保持通报, (3): 52-58.

吴楠, 何洪林, 张黎, 任小丽, 周园春, 于贵瑞, 王晓峰. 2012. 基于 OGC WPS 的碳循环模型服务平台的设计与实现. 地球信息科学, 14(3): 320-326.

谢刚, 王小林. 2005. MATLAB 与 ANSYS 数据接口的开发研究及应用. 机械工程与自动化, (2): 52-54.

杨义辉, 周谊, 李明建. 2008. GIS 空间数据转换为 DXF 格式的若干问题. 测绘信息与工程, (5): 43-44.

余文君, 南卓铜, 李硕, 李呈罡. 2012. 黑河山区流域平均坡长的计算与径流模拟. 地球信息科学学报, 14(1): 41-48.

乐松山. 2016. 面向地理模型共享与集成的数据适配方法研究. 南京师范大学博士研究生学位论文.

张春晓, 林珲, 陈旻. 2014. 虚拟地理环境中尺度适宜性问题的探讨. 地理学报, 69(1): 100-109.

张刚, 解建仓, 罗军刚. 2011. 洪水预报模型组件化及应用. 水利学报, 42(12): 1479-1486.

张国栋, 刘东峰, 程昱, 孙粤辉. 2012. 基于 DXF 数据的建筑物三维建模. 计算机技术与发展, 22(12): 237-240.

张建博, 刘纪平, 王蓓. 2012. 图形工作流驱动的空间信息服务链研究. 计算机研究与发展, 49(6): 1357-1362.

张韬, 吴国雄, 郭裕福. 2006. GOALS 模式中大气能量循环的诊断分析与不同版本计算结果的比较研究. 大气科学, (1): 38-55.

张晓楠, 任志国, 曹一冰. 2014. 空间分析模型与 GIS 无缝集成研究. 地理空间信息, 12(2): 156-158,12.

张应迁，唐克伦. 2012. 基于 ANSYS 的 FLUENT 前处理. 机械工程师，（6）：51-52.

张勇. 2008. 清华山维 mdb 与 MapInfo mif 数据格式转换——VBS 脚本模块. 南方国土资源，（9）：69-71.

张宇. 2013. 质量能量守恒的大洋环流模式及大洋环流中的能量平衡. 中国科学院大学博士研究生学位论文.

张子民，周英，李琦，毛曦. 2011. 图形化的地学耦合建模环境与原型系统设计. 地球信息科学学报，13(1)：48-57.

赵彦博，南卓铜，赵军. 2013. 一个新的支持多学科模型集成的流域决策支持系统框架研究. 遥感技术与应用，28(3)：511-519.

庄巍，逄勇，吕俊. 2007. 河流二维水质模型与地理信息系统的集成研究. 水利学报，（S1）：552-558.

Arctur, D., Hair, D., Timson, G., Martin, E.P., Fegeas, R. 1998. Issues and prospects for the next generation of the spatial data transfer standard (SDTS). *International Journal of Geographical Information Science*, 12：403-425.

Argent, R.M., Voinov, A., Maxwell, T., Cuddy, S.M., Rahman, J.M., Seaton, S., Vertessy, R. A., Braddock, R. D. 2006. Comparing modelling frameworks—A workshop approach. *Environmental Modelling & Software*, 21：895-910.

Barth, A., Alvera-Azcárate, A., Rixen, M., Beckers, J.-M. 2005. Two-way nested model of mesoscale circulation features in the Ligurian Sea. *Progress in Oceanography*, 66：171-189.

Behrens, J., Bader, M. 2009. Efficiency considerations in triangular adaptive mesh refinement. *Philosophical Transactions of the Royal Society A: Mathematical, Physical and Engineering Sciences*, 367：4577-4589.

Behrens, J., Rakowsky, N., Hiller, W., Handorf, D., Läuter, M., Päpke, J., Dethloff, K. 2005. Amatos：Parallel adaptive mesh generator for atmospheric and oceanic simulation. *Ocean Modelling*, 10：171-183.

Bensmann, F., Alcacer-Labrador, D., Ziegenhagen, D., Roosmann, R. 2014. The RichWPS environment for orchestration. *ISPRS International Journal of Geo-Information*, 3：1334-1351.

Bey, J. 2000. Simplicial grid refinement：On Freudenthal's algorithm and the optimal number of congruence classes. *Numerische Mathematik*, 85：1-29.

Blaise, S., St-Cyr, A. 2012. A dynamic hp-adaptive discontinuous Galerkin method for shallow-water flows on the sphere with application to a global tsunami simulation. *Monthly Weather Review*, 140：978-996.

Bonev, B., Hesthaven, J.S., Giraldo, F.X., Kopera, M.A. 2018. Discontinuous Galerkin scheme for the spherical shallow water equations with applications to tsunami modeling and prediction. *Journal of Computational Physics*, 362：425-448.

Borouchaki, H., Frey, P.J. 1998. Adaptive triangular-quadrilateral mesh generation. *International Journal for Numerical Methods in Engineering*, 41：915-934.

Breunig, M., Kuper, P. V, Butwilowski, E., Thomsen, A., Jahn, M., Dittrich, A., Al-Doori, M., Golovko, D., Menninghaus, M. 2016. The story of DB4GeO-A service-based geo-database architecture to support multi-dimensional data analysis and visualization. *ISPRS Journal of Photogrammetry and Remote Sensing*, 117: 187-205.

Buyya, R. 1999. *High Performance Cluster Computing: Architectures and Systems (Volume 1)*. Upper Saddle River: Prentice Hall, 29.

Cai, S., Xi, J., Chua, C.K. 2012. A novel bone scaffold design approach based onshape function and all-hexahedral mesh refinement. In: *Computer-Aided Tissue Engineering*. Springer, 45-55.

Caya, D., Laprise, R. 1999. A semi-implicit semi-Lagrangian regional climate model: The Canadian RCM. *Monthly Weather Review*, 127: 341-362.

Chakraborty, A., Upadhyaya, H.C., Sharma, O.P., Jaisawal, D., Deb, S.K. 2003. Numerical simulation by a stretched-coordinate Ocean General Circulation Model: A preliminary results. *Meteorology and Atmospheric Physics*, 83: 197-220.

Chave, J., Levin, S. 2004. Scale and scaling in ecological and economic systems. In: *The Economics of Non-Convex Ecosystems*. Springer, 29-59.

Chen, N., Di, L., Yu, G., Gong, J. 2010. Automatic on-demand data feed service for autochem based on reusable geo-processing workflow. *IEEE Journal of Selected Topics in Applied Earth Observations and Remote Sensing*, 3: 418-426.

Chen, S. 2004. A prototype of virtual geographical environment (VGE) for the Tibet Plateau and its applications. 2004 IEEE International Geoscience and Remote Sensing Symposium. IEEE, 2849-2852.

Chen, S., Doolen, G.D. 1998. Lattice Boltzmann method for fluid flows. *Annual Review of Fluid Mechanics*, 30: 329-364.

David, O., Ascough II, J. C., Lloyd, W., Green, T. R., Rojas, K. W., Leavesley, G. H., Ahuja, L. R. 2013. A software engineering perspective on environmental modeling framework design: The Object Modeling System. *Environmental Modelling & Software*, 39: 201-213.

Debreu, L., Marchesiello, P., Penven, P., Cambon, G. 2012. Two-way nesting in split-explicit ocean models: Algorithms, implementation and validation. *Ocean Modelling*, 49: 1-21.

Deng, J., Desjardins, M.R., Delmelle, E.M. 2019. An interactive platform for the analysis of landscape patterns: A cloud-based parallel approach. *Annals of GIS*, 25: 99-111.

Denis, B., Laprise, R., Caya, D., Côté, J. 2002. Downscaling ability of one-way nested regional climate models: The Big-Brother Experiment. *Climate Dynamics*, 18: 627-646.

Düben, P.D., Korn, P. 2014. Atmosphere and ocean modeling on grids of variable resolution—A 2D case study. *Monthly Weather Review*, 142: 1997-2017.

Durran, D. R. 2010. *Numerical Methods for Fluid Dynamics: With Applications to Geophysics*. Springer Science & Business Media.

Egenhofer, M.J., Franzosa, R.D. 1991. Point-set topological spatial relations. *International Journal of Geographical Information System*, 5: 161-174.

Elsheikh, A.H., Elsheikh, M. 2014. A consistent octree hanging node elimination algorithm for hexahedral mesh generation. *Advances in Engineering Software*, 75: 86-100.

Ferguson, J.O., Jablonowski, C., Johansen, H., McCorquodale, P., Colella, P., Ullrich, P.A.

2016. Analyzing the Adaptive Mesh Refinement (AMR) characteristics of a high-order 2D cubed-sphere shallow-water model. *Monthly Weather Review*, 144: 4641-4666.

Fox-Rabinovitz, M., Cote, J., Dugas, B., Deque, M., McGregor, J.L., Belochitski, A. 2008. Stretched-grid Model Intercomparison Project: Decadal regional climate simulations with enhanced variable and uniform-resolution GCMs. *Meteorology and Atmospheric Physics*, 100: 159-178.

Fox-Rabinovitz, M., Côté, J., Dugas, B., Déqué, M., McGregor, J.L. 2006. Variable resolution general circulation models: Stretched-grid Model Intercomparison Project (SGMIP). *Journal of Geophysical Research: Atmospheres*, 111: D16104.

Gehlke, C.E., Biehl, K. 1934. Certain effects of grouping upon the size of the correlation coefficient in census tract material. *Journal of the American Statistical Association*, 29: 169-170.

Gong, J.H., Zhou, J.P., Zhang, L.H. 2010. Study progress and theoretical framework of virtual geographic environments. *Adv Earth Sci*, 25: 915-926.

Goodchild, M.F. 2011. Scale in GIS: An overview. *Geomorphology*, 130: 5-9.

Harris, L.M., Durran, D.R. 2010. An idealized comparison of one-way and two-way grid nesting. *Monthly Weather Review*, 138: 2174-2187.

Harris, L.M., Lin, S.-J. 2014. Global-to-regional nested grid climate simulations in the GFDL high resolution atmospheric model. *Journal of Climate*, 27: 4890-4910.

Harris, L.M., Lin, S.-J. 2013. A two-way nested global-regional dynamical core on the cubed-sphere grid. *Monthly Weather Review*, 141: 283-306.

Ito, Y., Shih, A.M., Soni, B.K. 2009. Octree-based reasonable-quality hexahedral mesh generation using a new set of refinement templates. *International Journal for Numerical Methods in Engineering*, 77: 1809-1833.

Jablonowski, C. 2004. Adaptive grids in weather and climate modeling. University of Michigan.

Jablonowski, C., Herzog, M., Penner, J.E., Oehmke, R.C., Stout, Q.F., Van Leer, B., Powell, K.G. 2006. Block-structured adaptive grids on the sphere: Advection experiments. *Monthly Weather Review*, 134: 3691-3713.

Jablonowski, C., Oehmke, R.C., Stout, Q.F. 2009. Block-structured adaptive meshes and reduced grids for atmospheric general circulation models. *Philosophical Transactions of the Royal Society A: Mathematical, Physical and Engineering Sciences*, 367: 4497-4522.

Knoth, C., Nüst, D. 2017. Reproducibility and practical adoption of geobia with open-source software in docker containers. *Remote Sensing*, 9: 290.

Kubik, T. 2009. Design and implementation of two software frameworks for OGC web processing service development. 24th International Cartographic Conferences.

Läuter, M., Handorf, D., Rakowsky, N., Behrens, J., Frickenhaus, S., Best, M., Dethloff, K., Hiller, W. 2007. A parallel adaptive barotropic model of the atmosphere. *Journal of Computational Physics*, 223: 609-628.

Li, Z., Yang, C., Huang, Q., Liu, K., Sun, M., Xia, J. 2017. Building Model as a Service to support geosciences. *Computers, Environment and Urban Systems*, 61: 141-152.

Lin, H., Gong, J., Shi, J. 2003. From maps to GIS and VGE-A discussion on the evolution of the geographic language. *Geography and Geo-Information Science*, 19: 18–23.

Lin, H., Gong, J., Tsou, J. Y., Zhao, Y., Zhang, Z., Zhan, F. B. 2002. VGE: A new communication platform for general public. WISE Workshops, 47–55.

Lin, H., Zhu, Q. 2005. The linguistic characteristics of virtual geographic environments. *Journal of Remote Sensing*, 9: 158–165.

Liu, K., Wu, H., Hu, J. 2007. Fundamental problems on scale of geographical information science. Geoinformatics 2007: Geospatial Information Science. SPIE, 186–195.

McGregor, J.L. 2015. Recent developments in variable-resolution global climate modelling. *Climatic Change*, 129: 369–380.

Meng, B., Wang, J. F. 2005. A review on the methodology of scaling with geo-data. *Acta Geographica Sinica*, 60: 277–288.

Molenaar, M. 1990. A formal data structure for three-dimensional vector maps. Proc. EGIS'90 Amsterdam Vol. 2, 770–781.

Moncrieff, S., Turdukulov, U., Gulland, E.-K. 2016. Integrating geo web services for a user driven exploratory analysis. *ISPRS Journal of Photogrammetry and Remote Sensing*, 114: 294–305.

Nash, S., Hartnett, M. 2014. Development of a nested coastal circulation model: Boundary error reduction. *Environmental Modelling & Software*, 53: 65–80.

Neitsch, S.L., Arnold, J.G., Kiniry, J.R., Williams, J.R. 2011. Soil and water assessment tool theoretical documentation version 2009. Texas Water Resources Institute.

Nicolas, G., Fouquet, T., Geniaut, S., Cuvilliez, S. 2016. Improved adaptive mesh refinement for conformal hexahedral meshes. *Advances in Engineering Software*, 102: 14–28.

Openshaw, S. 1983. *The Modifiable Areal Unit Problem*. Norwick: Geo Books.

Padrón, M.A., Suárez, J.P., Plaza, Á. 2007. Refinement based on longest-edge and self-similar four-triangle partitions. *Mathematics and Computers in Simulation*, 75: 251–262.

Paris, S., Mekni, M., Moulin, B. 2009. Informed virtual geographic environments: An accurate topological approach. 2009 International Conference on Advanced Geographic Information Systems & Web Services. IEEE, 1–6.

Perumal, D.A., Dass, A.K. 2015. A Review on the development of lattice Boltzmann computation of macro fluid flows and heat transfer. *Alexandria Engineering Journal*, 54: 955–971.

Peterson, D.L., Parker, V.T. 1998. *Ecological Scale: Theory and Applications*. Columbia University Press.

Plaza, Á., Márquez, A., Moreno-González, A., Suárez, J.P. 2009. Local refinement based on the 7-triangle longest-edge partition. *Mathematics and Computers in Simulation*, 79: 2444–2457.

Popinet, S., Gorman, R.M., Rickard, G.J., Tolman, H.L. 2010. A quadtree-adaptive spectral wave model. *Ocean Modelling*, 34: 36–49.

Quattrochi, D.A., Goodchild, M.F. 1997. *Scale in Remote Sensing and GIS*. CRC Press.

Schulze, R. 2000. Transcending scales of space and time in impact studies of climate and climate change on agrohydrological responses. *Agriculture, Ecosystems & Environment*, 82: 185–212.

Sheng, J., Tang, L. 2004. A two-way nested-grid ocean-circulation model for the Meso-American Barrier Reef System. *Ocean Dynamics*, 54: 232-242.

Shepherd, J.F., Dewey, M.W., Woodbury, A.C., Benzley, S.E., Staten, M.L., Owen, S.J. 2010. Adaptive mesh coarsening for quadrilateral and hexahedral meshes. *Finite Elements in Analysis and Design*, 46: 17-32.

Smelser, N.J., Baltes, P.B. 2001. *International Encyclopedia of the Social & Behavioral Sciences*. Amsterdam: Elsevier.

St-Cyr, A., Jablonowski, C., Dennis, J.M., Tufo, H.M., Thomas, S.J. 2008. A comparison of two shallow-water models with nonconforming adaptive grids. *Monthly Weather Review*, 136: 1898-1922.

Steiniger, S. 2012. Free and open source GIS software for building a spatial data infrastructure. In: *Geospatial Free and Open Source Software in the 21st Century*. Springer, 247-261.

Store, R., Jokimäki, J. 2003. A GIS-based multi-scale approach to habitat suitability modeling. *Ecological modelling*, 169: 1-15.

Stoter, J., Visser, T., van Oosterom, P., Quak, W., Bakker, N. 2011. A semantic-rich multi-scale information model for topography. *International Journal of Geographical Information Science*, 25: 739-763.

Suárez, J.P., Abad, P., Plaza, A., Padron, M.A. 2005. Computational aspects of the refinement of 3D tetrahedral meshes. *Journal of Computational Methods in Sciences and Engineering*, 5: 215-224.

Sun, L., Zhao, G., Ma, X. 2012. Adaptive generation and local refinement methods of three-dimensional hexahedral element mesh. *Finite Elements in Analysis and Design*, 50: 184-200.

Syphard, A.D., Franklin, J. 2004. Spatial aggregation effects on the simulation of landscape pattern and ecological processes in southern California plant communities. *Ecological Modelling*, 180: 21-40.

Tomita, H. 2008. A stretched icosahedral grid by a new grid transformation. *Journal of the Meteorological Society of Japan. Ser. II*, 86: 107-119.

Tsai, C.-C., Hou, T.-H., Popinet, S., Chao, Y.Y. 2013. Prediction of waves generated by tropical cyclones with a quadtree-adaptive model. *Coastal Engineering*, 77: 108-119.

Uchida, J., Mori, M., Nakamura, H., Satoh, M., Suzuki, K., Nakajima, T. 2016. Error and energy budget analysis of a nonhydrostatic stretched-grid global atmospheric model. *Monthly Weather Review*, 144: 1423-1447.

Varas, A., Cornejo, M.D., Mainemer, D., Toledo, B., Rogan, J., Munoz, V., Valdivia, J.A. 2007. Cellular automaton model for evacuation process with obstacles. *Physica A: Statistical Mechanics and Its Applications*, 382: 631-642.

Versteeg, H.K., Malalasekera, W. 2007. *An Introduction to Computational Fluid Dynamics: The Finite Volume Method*. Pearson Education.

Voinov, A., Cerco, C. 2010. Model integration and the role of data. *Environmental Modelling & Software*, 25: 965-969.

Walsh, S. J., Butler, D. R., Malanson, G. P. 1998. An overview of scale, pattern, process relationships in geomorphology: A remote sensing and GIS perspective. *Geomorphology*, 21: 183-205.

Wang, D., Janjusic, T., Iversen, C., Thornton, P., Karssovski, M., Wu, W., Xu, Y. 2015. A scientific function test framework for modular environmental model development: Application to the community land model. 2015 IEEE/ACM 1st International Workshop on Software Engineering for High Performance Computing in Science. IEEE, 16-23.

Weller, H. 2009. Predicting mesh density for adaptive modelling of the global atmosphere. *Philosophical Transactions of the Royal Society A: Mathematical, Physical and Engineering Sciences*, 367: 4523-4542.

Weller, H., Browne, P., Budd, C., Cullen, M. 2016. Mesh adaptation on the sphere using optimal transport and the numerical solution of a Monge-Ampère type equation. *Journal of Computational Physics*, 308: 102-123.

Wen, Y., Chen, M., Yue, S., Zheng, P., Peng, G., Lu, G. 2017. A model-service deployment strategy for collaboratively sharing geo-analysis models in an open web environment. *International Journal of Digital Earth*, 10: 405-425.

Williamson, D.L. 2007. The evolution of dynamical cores for global atmospheric models. *Journal of the Meteorological Society of Japan. Ser. II*, 85: 241-269.

Wolfram, S. 1984. Cellular automata as models of complexity. *Nature*, 311: 419-424.

Wu, D., Liu, J., Wang, W., Ding, W., Wang, R. 2009. Mutiscale analysis of vegetation index and topographic variables in the Yellow River Delta of China. *Journal of Plant Ecology (Chinese Version)*, 33: 237-245.

Wu, J. 2007. *Scale and Scaling: A Cross-Disciplinary Perspective, Key Topics in Landscape Ecology*. Cambridge University Press, 115-142.

Wu, J., Jones, B., Li, H., Loucks, O.L. 2006. Scaling and uncertainty analysis in ecology. *Methods and Applications*. Dordrecht, The Netherlands: Springer.

Xu, B., Lin, H., Chiu, L., Hu, Y., Zhu, J., Hu, M., Cui, W. 2011. Collaborative virtual geographic environments: A case study of air pollution simulation. *Information Sciences*, 181: 2231-2246.

Yarnal, B., Lakhtakia, M.N., Yu, Z., White, R.A., Pollard, D., Miller, D.A., Lapenta, W.M. 2000. A linked meteorological and hydrological model system: The Susquehanna River Basin Experiment (SRBEX). *Global and Planetary Change*, 25: 149-161.

Young, O.R. 2002. *The Institutional Dimensions of Environmental Change: Fit, Interplay, and Scale*. MIT Press.

Yue, P., Tan, Z., Zhang, M. 2014. GeoQoS: delivering quality of services on the Geoprocessing Web. Proceedings of OSGeo's European Conference on Free and Open Source Software for Geospatial.

Yue, S., Chen, M., Wen, Y., Lu, G. 2016. Service-oriented model-encapsulation strategy for sharing and integrating heterogeneous geo-analysis models in an open web environment. *ISPRS*

*Journal of Photogrammetry and Remote Sensing*, 114: 258–273.

Yue, S., Wen, Y., Chen, M., Lu, G., Hu, D., Zhang, F. 2015. A data description model for reusing, sharing and integrating geo-analysis models. *Environmental Earth Sciences*, 74: 7081–7099.

Zarzycki, C.M., Jablonowski, C., Taylor, M.A. 2014. Using variable-resolution meshes to model tropical cyclones in the Community Atmosphere Model. *Monthly Weather Review*, 142: 1221–1239.

Zhang, C., Chen, M., Li, R., Fang, C., Lin, H. 2016. What's going on about geo-process modeling in virtual geographic environments (VGEs). *Ecological Modelling*, 319: 147–154.

Zhang, F., Chen, M., Ames, D.P., Shen, C., Yue, S., Wen, Y., Lü, G. 2019. Design and development of a service-oriented wrapper system for sharing and reusing distributed geoanalysis models on the Web. *Environmental Modelling & Software*, 111: 498–509.

Zhang, N., Zhang, H. 2011. Scale variance analysis coupled with Moran's *I* scalogram to identify hierarchy and characteristic scale. *International Journal of Geographical Information Science*, 25: 1525–1543.

Zhang, Y., Liang, X., Xu, G. 2013. A robust 2-refinement algorithm in octree or rhombic dodecahedral tree based all-hexahedral mesh generation. *Computer Methods in Applied Mechanics and Engineering*, 256: 88–100.

Zienkiewicz, O.C., Taylor, R.L., Zhu, J.Z. 2013. *The Finite Element Method: Its Basis and Fundamentals*. Butterworth-Heinemann.

# 第6章

# 地理模拟与分析

## 6.1 模拟分析支撑方法

### 6.1.1 敏感性分析

敏感性分析(sensitivity analysis)的主要任务是研究模型输出中的不确定性如何归因到模型输入的多种不确定性来源(Saltelli et al.,2008;Song et al.,2015)。根据此定义,模型、输入和输出是敏感性分析的核心组成要素(图6.1)。其中,输入涉及的各种不确定性,可以通过模型的运行计算被传播到输出中,从而产生输出的不确定性。但是,由于模型自身的复杂结构,这种不确定性的传播过程通常难以被直观理解。因此,敏感性分析旨在为模型输入和输出的敏感性传播归因,搭建一个方法通道,实现不同输入对输出结果不确定性贡献率的定量分析。

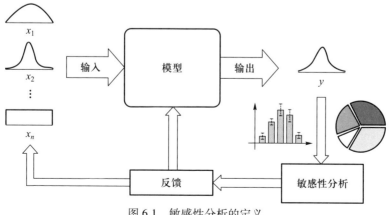

图 6.1 敏感性分析的定义

作为研究模型不确定性的有效方法,敏感性分析可以在模型开发前、开发过程中以及面向具体问题的模型应用过程等不同阶段发挥重要作用。一般来说,敏感性分析可以通过筛选、排序和映射功能,支撑模型输入的优化,尤其是模型参数的优化。其中,筛选主要用于明确模型的哪些输入参数对模型输出的变化影响很小或者近乎没有影响,然后将这些输入参数作为固定值,从而降低问题求解时模型参数设置的复杂度;排序是依据输入参数对模型输出影响的大小对输入参数进行排序,从而将影响较大的参数作为模型参数配置调优的重点;映射是通过分析输入参数对输出结果的影响,从而确定模型的参数值或参数集,并使其达到稳定状态或最优状态。

具体而言,敏感性分析至少可以在以下四个方面支持模型的开发与应用:

- 简化模型结构。一些具有复杂结构的模型往往包含较多的输入参数。敏感性分析可以识别模型不敏感的输入参数,减少模型应用过程中动态参数的数量,并通过将其固定为常数实现对模型结构的简化。此外,许多模型参数之间具有相关性,从而造成参数的冗余。敏感性分析也能够有效识别并减少这些冗余参数。

- 提高模拟精度。敏感性分析可以通过对那些具有不确定性的,或者对模型输出有影响的输入参数进行筛选,从而定位模型实验和优化的关键参数,降低具有不确定性的参数对模型输出结构的影响。

- 提高模型校准效率。通过敏感性分析实现模型参数的筛选和排序,可以识别出对模拟结果贡献较大的敏感参数,然后重点针对这些参数进行模型校准,可以有效减少模型校准的计算消耗,提高模型校准的效率。

- 提升模型应用可靠性。利用敏感性分析可以确定不同输入参数配置对模型模拟计算结果的影响,通过明确模型输出结果与模型输入参数之间不确定性的定量关系,提升模拟结果的可解释性,实现可靠的模型应用。

敏感性分析的常用方法主要可以分为两种类型:局部敏感性分析(local sensitivity analysis, LSA)和全局敏感性分析(global sensitivity analysis, GSA)(蔡毅等,2008)。局部敏感性分析是在维持所有因素不变的情况下,针对某个单一因素变化的影响进行估计,主要适用于简单的线性模型。因为其主要计算单一因素变化的影响,具有快速、简单、易操作等优势,如扰动分析法和微分分析法。但是,对于具有很多不同参数,或者参数之间具有复杂相互作用关系的非线性模型,局部敏感性分析方法容易忽视多参数之间的相互作用,因此并不适用。针对这一问题,为了实现对包含多参数及其相互作用的地理分析模型进行敏感性分析,需要对相关方法进行全局扩展,全局敏感性分析方法应运而生,如多起点扰动法、基于方差的方法、基于元模型的方法和基于密度的方法。全局敏感性分析方法能够同时考虑模型输入中不同参数及其相互作用对模型计算结果的影响,因此它能够适用于包含多参数的地理分析模型,实现对模型输入参数敏感性更为全面的理解。

### 6.1.2　不确定性分析

由于地理系统固有的复杂性,不确定性在现实世界中普遍存在。不确定性主要是指事物的不确定、不稳定状态,或者说其自身的模糊性(史文中,2015)。通俗理解,不确定性可以被认为是模糊性、未知性或不精确性。其中,模糊性是现实世界事物在表达方式上的不明确性,如城市和农村边界的模糊;未知性是事物在内涵意义上的不明确,如度量的不一致、难以洞悉或混乱;不精确性是针对同一客观指标多次测量的变化程度或随机程度,如预测结果与真值的偏差。而模型不确定性是使用不同的模型进行模拟分析操作得到不同的模拟结果(胡圣武和余旭,2016)。

由于地理分析模型通常会包含很多不确定因素,因此模型不确定性分析对于支持地理模拟分析的开展至关重要。具体来说,它可以用于改进(宋晓猛等,2011):

- 模型结构,帮助建立描述真实系统的准确数学模型;
- 数值方法,帮助选择合适的数值方法用于实现对地理过程的模拟计算;
- 初始和边界条件,帮助准确确定模型的初始条件和边界条件信息;
- 模型输入数据和参数,帮助优化模型输入数据和参数。

由于地理分析模型的输入数据具有多源异构等特征,不同数据的输入配置、不同参数的选择与组合会对模拟结果产生重大影响。此外,地理分析模型本身也具有异构特征,差异化的模型结构也会产生不同的模拟结果。因此,模型的不确定性分析包括输入数据、模型参数和模型结构的不确定性。

输入数据的不确定性:模型输入数据的不确定性是导致地理分析模型不确定性的主要来源。地理分析模型的输入数据包括土壤、水文、气象、地形、土地利用等众多类型。同类型数据的空间异构、时间动态、来源广泛的特征,以及不同类型数据在其结构和内涵上的差异性,共同造成了模型数据的不确定性。

模型参数的不确定性:由于合适的模型参数是地理分析模型准确再现地理现象和过程的另一关键,模型参数的不确定性也是模型不确定性的重要来源。参数不确定性分析方法可以实现对模型模拟结果的量化,是评价模型参数对模拟结果影响情况的重要手段。因此,众多专家学者致力于模型参数不确定性分析方法的研究,常见包括广义似然不确定性估计方法(generalized likelihood uncertainty estimation,GLUE)、以递归计算方式应对缺资料问题的贝叶斯递归估计法(Bayesian recursive estimation,BaRE)、基于大量重复抽样的蒙特卡罗方法

(Monte Carlo simulation)(Beven and Binley, 1992;Thiemann et al.,2001;李向阳, 2006)。

模型结构的不确定性:地理分析模型涉及的地理过程繁多(如水文过程、生态过程、气象过程等),针对不同地理过程的模型求解方法也各不相同,造成了模型结构的差异。在针对模型结构进行评估时,越来越多的专家学者将研究的重心置于如何降低模型结构差异带来的地理分析模型不确定性。目前,多模型耦合模拟是降低模型结构不确定性的重要方法。通过综合多个模型的模拟结果,将其集合为一个确定性的结果,可以避免某一模型参数改变而影响模拟效果的问题。

### 6.1.3　参数率定

参数率定(或称参数调试、参数优化)是指对模型参数进行调整,从而不断缩小模型模拟计算结果和实际观测结果之间的误差,使模型达到最佳性能的过程。为了提高地理分析模型的可靠性,参数率定在模拟分析过程中被广泛使用,它可以帮助地理模拟分析人员尽可能准确地发现模型的最优参数值及其组合,从而使模型输出数据与观测数据之间差异达到最小。

模型的参数率定对于模型的发展具有重要意义。一般来说,参数率定需要使用特定目标函数来确定一套固定的率定规则,尽力在参数空间中发现一个理论上的最佳点(杜彦臻,2019)。然而,这样的最佳点在实践过程中是很难确定其具体位置的。因此,参数率定过程中往往需要终止标准以结束算法的运行。例如,常见的终止标准包括目标函数的收敛情况、参数的收敛情况或是按照规定数量的迭代次数。

随着计算机技术及相关模型校准方法的快速发展,专家学者已经设计、开发了诸多系统工具,以实现模型参数率定问题的手动或者自动化解决(熊剑智,2016)。依托手动模型校准方法,主要通过反复的试验计算和仔细的视觉搜寻进行人工化的参数率定。有经验的参数率定人员可利用已有的经验和知识,通过人工试错的方法得到较为满意的参数率定结果,但是由于没有相应的参考,仍无法确定这些满意的率定结果是否为最优解,因此具有很大的不确定性。而对于经验缺乏的率定人员,人工试错方法耗时耗力,并且也难以得到满意的率定结果。计算机的发展给这一问题的解决提供了可行的方案,人们开始研究各种不同的自动校准工具,以实现按照特定的寻优规则自动搜索、识别较优或者最优的模型参数集。基于自动校准工具的自动参数率定可以实现基于计算机的模型参数自动选择,具有不需要人们的手动调试等优点,极大地减少了率定的工作量。但是,当模型中具有过多参数时,自动率定也是极为耗时的。为了充分发挥人工率定和自动率定的各自优势,需要将两者进行结合,充分利用计算机的自动化搜寻优势和人工的调参经验,得到更为合理的模型参数率定结果。

## 6.1.4　模型数据同化

建模和观测技术的发展,为获得地球表层系统的完备时空信息提供了可能。通过地理分析模型的模拟,研究人员可以基于地理系统内部的相互作用和演化机制,分析发现地理系统的时空分异特征和发展演变规律。但是,由于地理分析模型自身的局限性,针对地理现象与过程的模拟精度仍然有待提高,模型构建所依据的各种物理、化学、生物过程有待明晰,模型应用的参数化方法也有待改进(李新等,2007)。此外,模型模拟计算的地表条件初始值及相关地理过程的水热条件、生物的生理生态参数值往往也很难准确获取。相较于模型模拟,观测可以准确获得被观测对象、现象或过程的"真实值"。但是,由于现有的观测站点仍然较少,观测网络相对稀疏,所观测到的数据难以有效描述具有高度空间异质性的地理观测对象,因此直接基于这些观测数据进行定量分析,以重建高分辨率的地理现象与过程显然非常困难。针对上述不足,实现模拟与观测的有机结合将可以实现两种方法的优势互补,因此格外重要。

数据同化(data assimilation)是在地理分析模型的动态模拟过程中融入新的观测数据,实现模型观测有机结合的方法。数据同化能够进行数据时空分析以及模拟、观测的误差估计,可以生成具有时间、空间、物理一致性的数据集。通过数据同化方法,能够实现地理分析模型模拟精度的提升,尤其是对参数空间分布异质模型的模拟精度提升;同时,也可以通过数据同化方法,实现对地理数据产品精度的提升,获得具有时空一致性、物理一致性的较高分辨率数据产品(宫鹏,2009)。

因此,数据同化方法的核心在于将不同来源、不同分辨率的观测数据直接(或间接)整合到地理分析模型的动态框架中,将地理分析模型与各种观测算子(如辐射传输模型)整合为一个模拟系统,从而实现基于观测数据的模拟轨迹自动调整,以减小模拟误差。目前,地理学中常用的数据同化方法主要包括最优插值法、四维变分法、卡尔曼滤波法、集合卡尔曼滤波法和模拟退火算法等(黄春林和李新,2004)。

### 1)最优插值法

最优插值法最早由 Gandin 于 1963 年提出,可以实现将不规则观测站所测温度数据插值到规则格网中。该方法是以线性最小方差估计理论为基础,能够实现对多种不同精度观测数据的自动处理。此外,它还考虑了观测与模拟之间的各种线性相关关系及观测要素的统计结构。

2）四维变分法

四维变分法由 Talagrand 于 1986 年提出,主要基于变分法的思想,将微分方程的求解问题转化为极值问题。因此,可以通过该方法对地理分析模型的求解和对地理对象的不同时间观测数据进行全局调整以实现同化的目标。四维变分法的优势在于:它综合使用了最优插值法、比逐步订正法和模式向前、向后积分法等具有更优性能的伴随方法,从而显著提高了计算效率。

3）卡尔曼滤波法

卡尔曼滤波法是在用于随机过程状态构建的卡尔曼滤波思想上发展起来的。该方法主要包括两个核心步骤,即时间更新和观测更新。对于时间更新,该方法将根据当前时间的模型状态,模拟产生当前时间的模型状态预测值。在观测更新中,该方法可以引入观测数据,用最小方差估计方法对模型状态进行重新分析评估。同化过程随着模型状态预测的不断进行以及新观测数据的持续引入而得到不断的推进。

4）集合卡尔曼滤波法

集合卡尔曼滤波法是由 Evensen 在 1994 年根据 Epstein 的随机动态预报理论提出的,主要使用蒙特卡罗方法(总体积分法)来对模型状态的预报误差协方差进行计算分析。相较于卡尔曼滤波方法,该方法克服了需要对模型算子和观测算子进行线性化的不足。

5）模拟退火算法

模拟退火算法由 Kirkpatrick 等于 1982 年首次提出,是以一种基于蒙特卡罗迭代解法的启发式随机搜索算法。由于固体材料的退火过程与问题求解过程具有一定的相似性,因此可以将问题的解与目标函数对应于固体材料的围观状态与能量,而问题状态更新的过程对应于温度降低的过程。模拟退火算法既能够接受优化的解决方案,也可以在一定概率上接受非优化方案。随着系统“温度”的降低,系统逐渐不接受非优化解,当“温度”接近 0 ℃时,函数收敛到问题的解。由此,可以有效避免局部搜索算法所面临的陷入局部最优解的常见问题。

### 6.1.5　开放网络环境下的模拟分析支撑

随着地理模拟分析支撑方法的日益丰富,各种不同支撑方法的选择及应用方式将引起模拟分析结果的不同变化,因此会对模拟分析结果的准确性与可信度产生直接的影响。尤其面向多尺度、多维度耦合嵌套,多圈层、多要素相互作用的综合复杂地理系统,相关分析模型往往结构复杂(集中式、分布式)、参数众多(水文参数、气候参数、生理生态参数),模型内部也具有非常明显的相互作用及相互影响,相关因素的不确定性突出且显著。因此,在进行地理模拟分析时,常面临艰难的不确定性分析、参数优化或数据同化任务。例如,水文模型往往包含具有较强相互作用的不同参数,因此面向水文模型的全局最优参数搜索通常较为复杂,使得水文模型的参数不确定性分析和参数优化成为一项棘手的问题。

在传统地理模拟分析模式中,针对结构复杂、参数多样的地理分析模型,包括敏感性分析、不确定性分析、参数率定等在内的模拟分析支撑方法大多采用较为封闭的本地化运行模式,使得模拟分析面临知识融合、数据汇聚、模型集成上的诸多瓶颈,同时复杂烦琐的运行计算过程又使得计算资源的限制问题暴露无遗。为了集合多专家、多群体乃至多学科之力,以开放式的模式实现对地理模拟分析的有效支撑成为地理问题求解的重要方向。

在开放式地理建模与模拟平台中,研究者可以借助开放网络环境分享关于模拟分析支撑的多类型知识,如同化方法的选择、参数搜寻选择的相关经验等,以快速形成模拟分析的有效支撑方案。数据缺乏是制约模拟分析进行的重要问题,依托开放网络环境,研究者能够共享不同分辨率、不同传感器、不同维度的模拟分析数据,如通量数据、遥感数据、水文数据等,可以打破不同学科和部门之间的数据屏障。由于地理过程与现象通常是由不同圈层要素相互作用形成,而现有地理分析模型往往基于某一特定作用和机制完成构建,因此综合地理问题的求解常需要多种地理分析模型的共同支持,开放式的问题求解模式在不同模型孤岛之间架起了桥梁,使得多样异构的地理分析模型能够在概念、机制、软件等不同层面实现有机结合。此外,面对地理模拟分析中耗时耗力的计算运行问题,个人或单一群体的计算资源往往有限,通过对计算资源的开发共享,能够以并行化、分布式的方式实现对网络分散的计算资源的充分有效利用,从而提高对大规模分析计算的支撑能力。

# 6.2　模拟结果可视化方法

## 6.2.1　矢量数据可视化

矢量数据是以空间坐标对空间实体的位置、形状和分布进行组织的一种数据表达结构。它通过记录空间实体各个点的空间坐标及其空间关系,尽可能精准地描述目标实体,具有属性隐含、定位明显的特征。从几何结构上来说,它将空间实体划分为点、线、面、体及其四者的组合体,同时还存储空间实体的属性特征及其与其他空间实体的空间关系(李德仁等,1994)。

空间关系是指空间实体之间相互作用的关系,空间关系主要有拓扑关系、顺序关系和度量关系等(汤国安,2019)。其中,拓扑关系用于描述空间实体之间的相交、相邻和包含信息,包括邻接关系、关联关系、包含关系和连通关系;顺序关系描述空间实体在地理空间中的分布;度量关系用于描述空间实体之间的长度、周长、面积或距离等定量属性,是一切空间数据定量化的基础。

矢量数据具有数据精度高、数据存储空间小、易于表达拓扑关系和空间实体的属性信息等优点。但矢量数据还具有空间分析和处理算法复杂、图形可视化性能需求高等缺陷。常见的矢量数据可视化方法大多数为在二维平面上的可视化,根据其几何结构通常划分为点符号、线符号和面符号。

1) 点符号

点符号图形规则,通常为圆形、三角形、矩形和正多边形等简单几何结构。具有图形形状、大小和位置固定的特点(谈晓军等,2003)。点符号具有色彩、大小和形状等基本属性,其可视化方法可分为单一符号渲染、分级符号渲染和热力图三种形式。

单一符号渲染即所有点状要素应用同一符号系统,一般用于单一类别(如政府驻地)的可视化显示,分级符号渲染是指通过符号不同的尺寸大小表示空间实体的差异,根据空间实体的具体属性值进行定量和定性划分,然后为某一个划分区间分配一个指定大小的点状符号。热力图适用于存在大量点状要素的情景,如使用核密度方法计算各个点要素的相对密度,采用指定配色方案(根据相对密度从小到大,常采用从冷色到暖色的配色方案),将点状的相对密度显示为动态栅格的效果。

2) 线符号

线符号是通过若干个点符号形成定位点集以确定线的空间位置,然后基于定位点集构造而成的定位线结构。线要素具有形状、色彩和线宽等基本属性,其可视化方法可分为单一符号渲染和唯一值渲染。

线符号的单一符号渲染与点符号渲染类似,即所有线状要素应用同一符号系统。唯一值渲染是根据线要素的一个或多个属性字段,对其定性划分进行符号化,具有相同属性值的线状要素划分为一类,使用相同的符号系统。

线符号的可视化需要关注线符号的基本类别和变化特征。基本特征是指构成线要素的基本单元类别,如单实线、双实线、虚线和点线;变化特征则是对线要素基本单元进行修改和变化,生成自定义样式。在此基础上,线要素通常使用形状、色彩、宽度对空间实体进行表达;形状和色彩常用于区分不同种类的空间实体,而线宽一般用于同类实体中的级别或重要程度的划分。

3) 面符号

面符号可视为点符号和线符号的组合符号,其边界轮廓线具有线符号的属性,其内部面状填充具有点符号的属性(谈晓军等,2003)。面符号可以由边界轮廓线、底色和填充图形三个部分构成。其中,边界轮廓线可以定义面符号的形状;底色和填充图形共同构成面符号的内部填充样式。面符号的主要视觉效果由填充样式确定。常见的填充方式可分为简单填充、纹理填充和图形填充。简单填充即使用纯色或者渐变色将其内部区域填充;纹理填充则是基于纹理图片,根据某种排列方式填充;图形填充即使用点、线、面和组合体等简单几何图案进行填充。

面符号的可视化方法可以分为单一符号渲染、唯一值渲染和分级色彩渲染。面符号的单一符号渲染和唯一值渲染与线符号类似,而分级色彩渲染则是基于面符号的属性字段,根据其属性值范围进行定量划分,将同一范围内的面状要素划分为一类。

## 6.2.2 栅格数据可视化

栅格数据是面向二维平面上的空间实体构造而成的二维矩阵,通过矩阵的行列号描述空间实体的形状和位置,栅格值表示空间实体的属性值(李德仁等,1994)。它能够描述表面连续变化的空间实体,具有属性明显、定位隐含的特征。相对于矢量数据,栅格数据具有易于获取、数据结构简单、空间查询和分析算法速度快等优点,但是也存在难以表示拓扑关系、数据结构冗余、数据量大等缺点。

在地理模拟分析中,栅格数据是模型输入、输出数据的常用格式。因此,为了提升数据的可理解度,需要对其进行可视化表达。常见的栅格数据可视化方法根据其数据类型可分为影像数据可视化、数字高程模型(digital elevation model,DEM)可视化。

1) 影像数据可视化

影像数据一般指遥感影像数据,通过航空、无人机和卫星等方式实时大规模地获取各种专题信息(赵时英,2013)。常见的影像可视化方法可分为彩色合成、唯一值和分类。

其中,彩色合成是影像数据可视化的主要方法,分为伪彩色合成、真彩色合成和假彩色合成。伪彩色合成针对单波段遥感图像,将遥感图像的灰度值映射到一个色彩空间之中,通过色彩映射的方法将原本的灰度图转换为一幅彩色图像;真彩色合成则是针对多波段遥感图像,将其红(R)、绿(G)、蓝(B)三个波段图像进行合成,形成一幅 RGB 格式的彩色图像,这种方式形成的图像可基本反映出人眼识别的真实色彩;假彩色合成依旧是将三个波段的遥感图像进行合成,但其使用的三个波段并非严格的 RGB 三个波段,而是根据使用目的人工选择波段,合成的图像色彩鲜明、特征突出、易于进行下一步遥感图像解译或处理分析(Zhang and Pazner, 2004)。

相比之下,唯一值则是根据遥感图像像素值的不同随机赋予颜色,但该可视化方法仅适用于遥感图像像素值范围较小的情况。而分类方法是根据遥感图像像素值范围划分为若干类,将在同一范围内的像素分为一类,同类像素赋予相同颜色。

2) DEM 可视化

DEM 是通过有限的高程点位数据对地形表面形态进行数字化模拟。根据 DEM 数据的组织方式,可分为基于点、基于线、基于面单元的 DEM。其中,基于面单元的 DEM 又分为基于规则格网(如正方形格网、三角形网格、正六边形格网等)的 DEM 和基于不规则格网的 DEM。当 DEM 采用规则格网组织高程数据时,其可视为栅格数据。基于规则格网 DEM 的常见可视化方法与图像数据基本类似,不同的是图像数据每个单元中通常存储颜色值,而基于规则格网的 DEM 每个栅格单元存储的往往是高程值。

DEM 的另一种常见数据组织方式是不规则三角网(triangulated irregular network,TIN)。TIN 是通过地面采样点生成的不规则三角网逼近地形表面的一种地形表达方式。TIN 具有可变分辨率的优点,能够较好地反映真实地表信息,一般通过 Delaunay 三角剖分算法生成。由于 TIN 是对地形信息的描述,其可视化方法根据地理要素的显示进行划分,可划分为等值线显示,分层设色法和地形晕渲法(宋秋艳,2008)。等值线显示是以 TIN 为基础,通过等值线生成算法,将 TIN 转换成等高线数据。分层设色法则是在等值线的基础之上,在每一层级赋予不同的颜色,通过色调和色相的差异表示地势变化,呈现出一定的立体感,根据色彩的使用可分为单色和多色。地形晕渲法又叫阴影法,它根据假定的光源向地面照射所产生的阴影强弱明暗程度,通过相应色彩绘制阴影,反映真实地势特征。

## 6.2.3 场数据可视化

场数据是一种特殊的数据类型,其中包含按照坐标或者拓扑结构存储的单元格,每个单元格中存储一个或多个属性值。场数据是对连续的空间属性(如温度、速度、密度等)进行的度量,这种度量可以是现实生活中测量,也可以是软件模拟。场数据大多与空间、时间或者地理位置相关,因此也常被称为空间数据或者时空数据、地理空间数据。

1) 标量场可视化

标量场指的是空间采样位置上记录单个标量的数据场(唐泽圣,1999)。根据研究需要,可从一维、二维和三维的角度进行划分,数据对象大多来源于科学计算模拟或者实验测量。

(1) 一维标量场可视化

一维标量场数据通常指沿空间某一路径采集的数据,如沿某条路的地形起伏高程变化等。一维标量场的数据类似于一维函数,通常可以用线图的形式进行可视化表达。

(2) 二维标量场可视化

二维标量场是在一个平面上采集的数据,如某区域的二维地形图等。可视化方法有颜色映射、等值线和高度图等。颜色映射法通过将数据值映射为不同的色彩来进行数据可视化,通过色彩的差异来表达二维空间标量场数据的空间分布规律。等值线是另一种常用表达二维标量场的方法,常见于地形图中的等高线等。等值线图中,同一轮廓线上的数据值相同,通过比较分析等值线的疏密及凹凸等特征可以揭示不同的物理含义。高度图法将二维标量场中的数据映射为高度,绘制时数值越大的地方高度越高,给人以更直观的感受。

(3) 三维标量场可视化

三维标量场数据指的是分布在三维物理空间,记录空间中物理、化学属性的数据场,如温度场、气压场等。其本质为对一个空间连续的目标进行信息采样得到的离散数据场。三维标量场数据的常见可视化方法有截面可视化、间接体绘制和直接体绘制。其中,想要观察三维标量场内部数据最好的办法是进行二维截面采样,即截面可视化法。可以使用任意方向的平面或者曲面对三维场数据进行切割以暴露出内部的信息。间接体绘制法通过对目标进行特征信息采样,用平面或曲面模拟原始目标。与间接体绘制法不同,直接体绘制直接对三维场数据进行处理,通过重采样、色彩映射、图像合成等一系列步骤最终实现原始数据的三维可视化效果。

2) 矢量场可视化

矢量场的每个采样点数据是一个向量,与标量场最大的区别就是采样点数据具有方向性,如空气中的风速与方向、水流的速度和方向等。矢量场的可视化主要是通过人眼可感知的图像来展示场的趋势导向信息。常见的矢量场可视化方式有图标法、几何法、纹理法和拓扑法等。

（1）图标法

图标法是矢量场可视化中最简单和常用的方法，直接使用图标逐个表达场中的每个点。其中，箭头是最为广泛使用的图标，箭头的指向表示向量方向，箭头的长度、颜色、尺寸等也可用来表示其他信息。此外，线条和方向标也常用来可视化矢量场。

（2）几何法

几何法指采用不同的几何元素来模拟表达矢量场，如曲线、曲面和体。

基于曲线的可视化方法主要有两类：一类是稳定矢量场，主要使用流线来表达，可以展示矢量场空间中任意一点处向量的切线方向；另一类是不稳定场，也叫时变矢量场，通常用迹线（Chandler et al.，2015）或者脉线来表示，能够描述一个粒子在某个时间段的流动轨迹，如图 6.2 的风场可视化效果。基于曲面的几何法增加了种子点空间的维度，比基于曲线的方法提供了更好的用户体验和感知，并能显著降低视觉混淆，从而更为真实地揭示矢量场的结构。

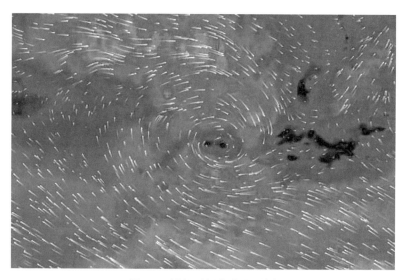

图 6.2　风场可视化表达示例

与曲线法类似，常见的基于曲面的矢量场可视化方法也可以分为两类：一类方法面向稳定矢量场，包括流面、流球和流形箭头；另一类方法面向不稳定/时变矢量场，如脉面等。

基于曲线或者曲面的可视化方法通常难以展示三维矢量场整体性特征,如流的聚合和分散、漩涡、剪切和断裂等拓扑信息。基于体的可视化方法能有效地弥补这一缺陷。流体可视化方法主要原理是模拟粒子在场中的运动轨迹并使用三维体绘制技术进行可视化表达。

(3)纹理法

纹理法是以纹理图像的形式显示矢量场的全貌,能够有效地弥补图标法和几何法的缺陷,揭示矢量场的关键特征和细节信息。纹理法主要包括三大类:点噪声、线积分卷积和纹理平流。

点噪声法以单点作为生成纹理的基本单元,沿向量方向对噪声点进行滤波,纹理图像中的条纹方向反映了矢量场的方向。线积分卷积方法与点噪声法类似,基于随机生成的白噪声,使用矢量场的数据进行低通滤波,生成的纹理会保留原有矢量场的样式和方向。纹理平流法是时变流场可视化的标准方法之一,它根据矢量场方向移动一个纹理单元,或者一组纹理单元,以达到刻画矢量场特征的目的。

(4)拓扑法

任意矢量场的拓扑结构由临界点和链接临界点的曲线或曲面组成。其中,临界点指的是矢量场中各个分量均为零的点。基于拓扑的矢量场可视化方法能够有效地从场中抽取主要的结构信息,适用于任意维度、离散或者连续的场。

3)张量场可视化

在部分科学计算领域,张量场是一类重要的场数据。张量的数学定义是由若干坐标系改变时满足一定坐标转化关系的有序数组成的集合。张量是矢量的推广。标量可看作 0 阶张量,向量可看作 1 阶张量。如果在全部空间或部分空间里的每一点都有一个张量,则该空间确定了一个张量场。矢量场中的可视化方法如几何法、纹理法和拓扑法,也可应用于张量场的可视化。

## 6.2.4 高维数据可视化

高维数据指每个数据对象有两个或两个以上独立或者相关属性的数据。高维数据的维度可以理解为数据对象的属性。在地学研究中,由于研究者在很多情况下不确定数据的属性是否相互独立,但又需要对各属性参数进行相互对比、衡量与分析,这就需要高维数据可视化方法的支持。高维数据可视化能够实现对数据对象的各个属性数值进行综合评估和观察。由于在数据理解、分析和决策等方面的突出作用,对高维数据的可视化方法在地理模拟分析中得到了广泛应用。

二维和三维数据可以采用常规方法将各个属性的值映射到不同坐标轴,并确定各数据点在坐标系中的位置。当维度超过三维时可以通过各种视觉变量来表示额外的属性,如颜色、形状、大小和方向等。但由于人类大脑处理的视觉信息量有限,单纯依靠细化视觉变量所带来的属性区分能力并不是无限的,因此该方法不适合于维度更高的数据。

针对高维数据的可视化需求,空间映射法是被广泛采用的方法,其典型代表即为散点图法。散点图法本质是将抽象的数据对象映射到二维的直角坐标系的空间,数据对象在坐标系中的位置反映了其分布特征。为此,散点图可以有效且直观地展示两个属性之间的关系。对于更高维的数据而言,散点图的思路可以进一步泛化,即采用不同的空间映射方法将多维数据对象布局到二维空间中,数据对象在空间中的位置反映了其属性及相互之间的联系,整个数据集在空间中的分布则反映了各个维度之间的关系及数据集的整体特性。

除了散点图,基于空间映射思想的高维数据可视化方法还有散点图矩阵、平行坐标法和径向布局法等。

（1）散点图矩阵

散点图矩阵是散点图的扩展。对于 $N$ 维数据,采用 $N^2$ 个散点图逐一表示 $N$ 个属性之间的两两关系,这些散点图根据属性,沿横轴和纵轴按序排列从而组成一个 $N \times N$ 的属性矩阵。位于矩阵中第 $i$ 行第 $j$ 列的散点图表示了第 $i$ 维和第 $j$ 维属性之间的关系。位于矩阵对角线上的散点图的两轴为同一属性,可用于揭示特定属性的数据分布情况。

（2）平行坐标法

平行坐标是展示高维数据的一种有效方法。在传统数据可视化中,坐标轴相互垂直,每个数据对象对应于坐标中的一个点。平行坐标方法采用相互平行的坐标轴,每个坐标轴代表数据的一个属性,因此每个数据对象对应一条穿过所有坐标轴的折线。这种以平行坐标取代垂直坐标的方法可以在二维空间中显示更高维的数据。它不仅揭示数据在每个属性上的分布情况,还可以描述两个相邻属性之间的关系。

（3）径向布局法

径向布局法中具有代表性的是星型坐标可视化方法。相较而言,径向布局不像平行坐标直接借用了常见的坐标系统映射,而是采用更为复杂的映射方法,但对高维数据具有不错的表达效果。星型坐标的本质是高维数据到二维平面的一种仿射变换。由于其性质能保留高维数据集的一些聚类或其他模式,所以常被用于一些聚类或分类的发现探索或分析。

上述空间映射方法,在面对维度非常高的数据时,仍然难以清晰展示数据的细节。为此,利用线性或非线性变换将多元数据投影或嵌入低维空间的降维策略成为必要之举,由此才能尽量在低维空间中保持数据在多元空间中的关系或特征。因此,高维数据的可视化可能还需要线性或非线性降维方法的支持,包括主成分分析(principal component analysis,PCA)、多维尺度分析(multidimensional scaling,MDS)、线性判别分析(linear discriminant analysis,LDA)、局部线性嵌入(locally linear embedding,LLE)、Isomap、SNE 和 t-SNE 方法等。

### 6.2.5　时序数据可视化

时间是描述地理对象的非常重要的维度和属性。会随时间变化或带有时间属性的数据称为时序数据或时变数据。该类数据可以理解为按照时间顺序记录同一指标的数据列,并且在同一数列中的各个数据必须具有可比性。对该类数据的分析多集中于探索样本内时间序列的统计特征和发展规律。

针对大尺度的地理时序数据,自动的数据挖掘等方法往往难以揭示蕴藏其中的规律。采用合适的数据可视化方法深度展现原始数据或地理模拟分析的结果数据,可以有效地发现时序数据中隐藏的特征模式,展示与时间相关的变化规律和趋势。对于时序数据,主要的可视化方法包括线性和周期时间可视化、日历时间可视化、分支时间可视化等。

1)线性和周期时间可视化

标准的线性时序数据可视化方法是将时间数据作为二维的线图进行展示,$x$轴表示时间,$y$轴表示其他变量。这种方法可以与直方图等方式结合,横轴表达线性时间、时间点和时间间隔,纵轴表达时间域内的特征属性。这种方式可以有效表达数据元素在线性时间域中的变化过程。

当然,该方法并不能很好地反映数据元素的周期性变化特征。对于周期时间,可以采用螺旋图的方法布局时间轴,螺旋图中的一个回路代表一个周期。选择正确的排列周期可以展现时序数据的周期性特征。

2)日历时间可视化

时间属性可以和日历排列情况一一对应,并可根据尺度分为年、月、日、小时等多种等级。为了贴近人们的日常生活习惯,使用日历方式对时序数据进行可视化也成为一种重要的方法。对日历时间的可视化,在表达维度上一般采用表格映射的方式对时间轴进行处理。通过从日历视图上对时间序列的数据属性进行展现,人们能够以一定的时间单位观察发现其中的趋势,同时也可以对多个时间单位的数据进行聚类合并,观察不同时间段的趋势异同。

3) 分支时间可视化

分支时间可视化方法主要使用条形图,以类似甘特图的形式表示时间进度,可以呈现一个完整的事件历程、一系列自然或社会行为。它使用多个条形图线表现事件的不同属性随时间变化的过程,线条的颜色和厚度都可以表达时序数据的不同变量。

# 6.3 协同模拟分析

协,众之同和也;同,合会也;协同,即可以协调不同个体,共同完成相同目标的过程(许慎,2008)。在地理研究中,协同一直是用于分析地理现象、探索地理过程的重要方式。例如,专家学者经常需要针对问题目标、研究方法、研究进展与结果等内容进行沟通交流、解决争议、建立共识、激发思路,从而共同推动地理问题的分析与解决,并提高地理问题解决的透明度(Mendoza and Prabhu,2006;Jones et al.,2009)。

根据参与者所在的位置与协同的时效性,协同模拟分析研究主要有四种类型(MacEachren and Brewer,2004;Sun and Li,2016;Palomino et al.,2017):

- 相同地点-相同时间;
- 相同地点-不同时间;
- 不同地点-相同时间;
- 不同地点-不同时间。

对于前两种协同类型,通常需要不同地区研究者的往复奔波、亲赴现场,以开展合作式的规律探测与机理分析。然而,这种协同模式并不方便,尤其在传染病暴发的时期,社交隔离政策更是导致传统协同研究难以开展。地理学的协同模拟分析亟须由"线下"走向"线上",从而支持"不同地点"的协同模拟分析。

## 6.3.1 协同模拟分析模式

协同模拟研究发展至今,已经诞生了不同的理念、方法、系统,如公众参与地理信息系统(PPGIS)、协同地理信息系统(Collaborative GIS)、参与式建模

（Participatory Modeling）等。当前的协同模拟分析,根据协同目标以及方式的不同,主要有三种模式:

- 协同认知:主要关注于地理问题认知以及地理概念分析;
- 协同共享:主要面向地理模拟分析中不同资源的分享与使用需求;
- 协同交互:主要面向跨地域研究者的联合操作需求,以实现协同式的数据处理、模拟预测等核心模拟分析活动。

对于协同认知,模拟分析参与者主要以协商讨论为主要方式寻求实现对地理概念以及决策方案的共同认知,由此进行了一系列的方法与工具研究。首先,研究者为了增强对地理概念的认知,促进对地理知识的共享,研究了协同模拟分析的认知与交流工具,如基于概念图标的协同地理概念建模工具（Chen et al.,2011）,为了支持地理概念认知的概念建模场景（王进,2021）,可以实现地理概念认知与知识共享的协商交流工具（芦宇辰,2020）。同时,为了支持众多利益相关者的参与,消除模拟分析中的各种争议与矛盾,研究者提出了可以顾及不同想法和反馈意见的协同模拟分析方法,并成功地将这些方法应用在森林经营与管理（Suwarno and Nawir,2009）、濒危野生动物保护（Beall and Zeoli,2008）与水资源管理（Gaddis et al.,2010）等实践中。此外,在模拟决策方面,研究者尝试提供了支持协同模拟和管理平台,例如,面向的农业与水资源管理的协同模拟系统（孙想等,2011;盖迎春和李新,2012）、面向地学模拟分析的协同工作流管理系统（Nyerges et al.,2013）、基于网络环境的协同洪水模拟与风险管理系统（Almoradie et al.,2015）、能够支持地下水协同建模与模拟的小型岛屿水务管理系统（Shuler and Mariner,2020）等。

对于协同共享,为了使更多参与者能够获得相关资源,并共同使用资源进行模拟分析,需要开展模拟资源的共享与复用研究。其中,数据和模型是地理模拟分析中主要使用的两种模拟资源。

- 在数据资源方面,随着数据共享方法体系以及共享基础设施的日益完善,当前已经发展构建了各种数据共享平台与框架,例如分布式地球系统科学数据共享平台（诸云强等,2010）、OpenGMS 的数据服务容器（Wang et al.,2020）等。因此,模拟分析参与者在网络环境中获取和使用数据愈加便捷。同时,伴随着数据安全以及数据访问控制等研究的深入,不同研究者可以获得所需数据的同时,可以保证数据的访问安全（Li et al.,2010;崔翰川,2013）。
- 在模型资源方面,随着 Web 服务技术的发展以及模型即服务（model as a service）理念的深入,人们在网络环境下使用地理分析模型成为可能。并且,来自 OpenGMS、HydroShare、CSDMS 等不同机构的众多专家学者,针对地理分析模型异构性进行模型封装、部署、发展、调用研究,使得更多的用户能够共享并使用地理分析模型(乐松山,2016;张明达等,2018)。因此,可以通过协同共享实现不同领域地理分析模型的共同使用。

对于协同交互,为了能够让分布在不同空间位置的跨地域专家学者进行更为密切的协同,实现模拟分析的同步操作,研究者们开展了地理模拟分析的同步交互研究。在早期阶段,协同模拟分析主要基于计算机支持的协同工作系统(computer-supported cooperative work,CSCW)对常用的 GIS 功能进行协同化处理,从而实现地图表达、空间查询、地图标绘、空间分析等 GIS 核心功能的并发操作与同步交互,例如,地理要素并发编辑特征的总结(吴娟,2008)、地图协同编辑的实现(宫林成,2021)、协同地理信息系统的开发(Jankowski and Nyerges,2001)等。随着人们对地理世界中各种现象和过程进行模拟再现的需要,协同地理模拟也逐渐发展。于是,专家学者开始尝试在传统协同地理分析平台中集成各种地理分析模型,并利用 CSCW 技术实现参数的协同配置以及模型的协同调用。在此期间,研究者构建了协同虚拟地理环境(collaborative virtual geographic environments,CVGEs)(Lin et al.,2013a;Lin et al.,2013b),通过以数据和模型作为双重核心,实现了在淤泥坝规划设计、大气污染分析、月球撞击模拟、全球变化预测等应用中的协同交互(Lin et al.,2010;Chen et al.,2012;Chen et al.,2021)。如今,立足于地理模型与数据共享的相关研究成果,通过与 CSCW 技术融合,研究者能够以实时同步操作的方式,对各类地理现象和过程进行定量刻画与模拟分析,例如,可以基于共享的 SWAT 模型进行协同水文模拟(Rajib et al.,2016),也可以使用共享的 SWMM 模型进行城市雨洪的协同评估(Zhang et al.,2022)。

## 6.3.2　协同群体的组织与管理

协同模拟分析需要不同参与者相互协作,从而共同进行问题分析、数据处理、模型计算、结果评估等模拟分析活动。通常而言,协同模拟分析的参与者包括不同领域的专家学者、利益相关者甚至普通公众。在开展模拟分析时,不同研究者需要根据自己领域背景的差异,各司其职,从而实现人尽其才。因此,群体组织管理是协同模拟分析有效开展的前提。当前,协同模拟分析的群体组织管理主要依赖两种方法实现:第一种方法是基于地理模拟分析团队的形成与演化规律,通过模拟分析参与者自治式、主观能动的方式进行组织管理(杨慧等,2020);第二种方法是需要明确协同模拟分析的过程路径,对过程中的各种步骤和任务进行显示表达和说明,从而以引导化的方式对不同参与者进行组织(Ma et al.,2022)。

1）自治式群体组织管理

自治式群体组织管理主要通过团队组织层与模拟分析层两个层面,对协同模拟分析过程提供支撑。

团队组织层在模拟分析的实际运行阶段发挥作用,能够支持模拟分析参与者之间的交流协商从而形成团队合作关系。在团队组织层中,协同模拟分析可以按照图 6.3 所示步骤进行:首先由专家学者发起模拟分析需求;然后相关专家通过考察了解成员能力,判断合作的可行性,从而组建形成团队;在团队的基础上,成员之间可以通过协商进行任务划分和问题重构,以明确各成员的具体任务。

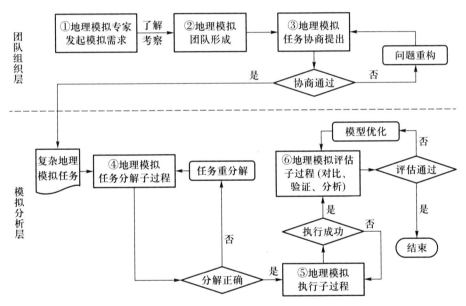

图 6.3　协同地理模拟分析的组织流程(杨慧,2009)

而模拟分析层主要支持模拟分析的实施,可以通过参与者之间的协商交流,完成模拟分析任务的分解、派发、执行,并可以对模拟结果进行评估与优化。

由图 6.3 可见,团队组织层与模拟分析层相互作用、相互影响。前者会通过对不同参与成员的任务管理,影响后者中具体模拟分析过程的实施。在模拟分析团队组织构建过程中,首先会由团队组织者或总负责人承担团队的组织构建,而团队成员的不同领域背景及知识经验将影响模拟分析目标的确立、模拟资源的获取以及模拟分析的执行,直接影响模拟分析结果的产生。同时,后者的模拟分析任务执行结果也会影响团队的组织、调整与扩展。在模拟分析层,依据模拟分析探索方案的不同,需要对不同参与成员进行适当组织;当面临现有团队难以解决的模拟问题时,如团队知识储备不足、模拟分析资源缺失等,往往需要对团队进行重新组织或扩充。

在具体模拟分析过程中,除了需要明确模拟分析参与成员的领域背景、合作时间以及合作形式,还需要理解模拟分析内部的状态,因此有必要进一步划分团队组织子过程和模拟分析子过程,以进行深入分析。

为了对模拟分析团队的组建、扩展和优化等过程进行管理,团队组织子过程需要被进一步设计,如图 6.4 所示。面对地理模拟分析的总任务,在团队组织子过程中相关专家首先会发起地理模拟分析需求,然后召集具有相关背景的模拟分析参与人员形成潜在成员的集合;同时面向模拟分析总任务定义团队成员的不同角色及其表达方法,明确角色之间的关系,支撑成员的甄选与匹配等工作,在完成成员与角色的匹配后进行契约签订(契约用于定义不同成员之间的关系和约束,包括模拟契约和协同契约)。基于此,可以不断将新成员吸纳进团队中,实现团队的组建和扩增,并实现对模拟分析目标、任务、资源使用、模拟分析实施的约束与控制。

模拟分析子过程主要用于支撑模拟分析任务的分解、分派、执行和综合等活动的开展,其是以模拟分析任务为对象。如图 6.5 所示,由于地理问题的复杂

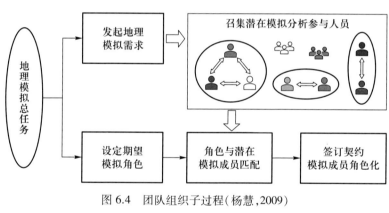

图 6.4    团队组织子过程(杨慧,2009)

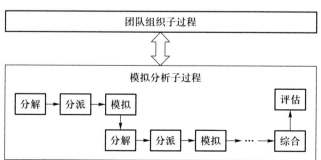

图 6.5    模拟分析子过程

性,地理模拟分析过程中往往需要构建不同的任务。随着对地理问题认知的深入,在模拟分析实施过程中,通常还需要对任务进行进一步的分解和分派,从而会呈现出层次化、嵌套式的模拟分析过程结构。通过模拟分析子过程,可以实现对模拟过程管理的定义:

- 当难以执行某一模拟分析任务时,可以对其进行分解,形成不同子任务并进行子任务的分析;否则,直接执行模拟分析任务;
- 当任务分解与模拟综合在同一层次内发生时,如果某一成员可以对任务进行分解和分派,他将同时具有模拟综合的相关权限。

基于上述设计,可以通过团队组织子过程和模拟分析子过程分别构成团队的组织层与模拟分析层,从而以自治式的团队组织方式,共同支撑起地理模拟分析的开展。

2)引导式群体组织管理

引导式群体组织管理将协同模拟分析的求解过程视为由不同类型活动组织形成的有序连接。这些活动为某一特定类型的模拟分析目标而设立,需要知识背景相匹配的模拟分析成员提供资源、知识、经验和技能的支持。通常而言,模拟分析过程中的活动主要有 8 种类型:问题认知与资源准备、数据处理、数据分析、数据可视化、地理分析模型构建、地理模拟计算、验证与评估、地理决策支持(图 6.6)。

问题认知与资源准备活动的目标是在不同成员之间建立关于地理问题背景及其解决方案的共识性认知,并收集相关模拟资源,从而为进一步的模拟分析做

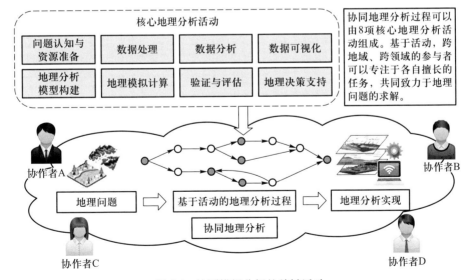

图 6.6 协同模拟分析的关键活动

准备。具体而言,在协作问题认知与资源准备活动中,不同成员可以通过协商讨论以及知识共享来澄清地理问题的上下文。此外,成员之间还可以共享数据、模型、文档等地理模拟资源,并在这些资源的支持下,协作者可以共同进行地理模拟的求解。

数据处理活动是地理模拟分析的关键活动,可以对多源异构的原始地理数据进行按需处理,从而为模型构建、模拟计算、数据可视化等后续活动提供可用数据。然而,不同任务需求的数据处理活动,如数据格式转换、数据生成和数据编辑,通常是复杂且具有一定专业门槛的,需要不同成员协作完成数据特征分析、处理方法选择、数据编辑操作等各种数据处理任务。

数据分析活动可以用于对原始数据可用性进行分析,也可以对模拟结果进行评估。其中,时空分析是一种具有典型性的数据分析活动,可以实现对地理要素几何、拓扑、时空特征的分析,以解释各种时空规律(Dixon et al.,2018;Schiappapietra and Douglas,2020)。在协同数据分析活动中,不同成员需要共同进行数据分析方法的选择,并通过联合行动实现定量或定性的数据分析。

数据可视化活动可以使各种地理模拟数据以更为直观的方式呈现,从而揭示更多富有价值的信息和知识(Lin and Chen,2015)。在该活动中,不同成员可以讨论可视化方法和目标变量的选择。在处理不熟悉的数据时,协同数据可视化可以提供新颖的可视化思路,从而以创造性的方法对信息进行呈现;对于熟悉的数据,成员间的协作可以帮助预测可能的结果,并快速确定适当的可视化方法。此外,协作数据可视化还可以较低信息的理解难度,向协作成员传递有价值的信息。

地理分析模型构建活动通过对地理系统进行认知、抽象和表达,可以为地理模拟分析提供有力工具。在该活动中,参与协作的成员可以分享不同领域的地理知识以建立起共同的地理概念认知,并深入了解地理过程,同时可以协商讨论建模策略的选择,共同确定模型结构和模型参数。在具体的协作地理模型构建活动中,有单体模型构建和集成模型构建。

- 在协作式单体模型构建中,协作者可以分享有关地理过程的概念认知,并协作使用适当的建模方法(如统计方法、系统动力学方法和基于智能体的方法)将这些地理过程抽象化为方程或规则(Badham et al.,2019);
- 相比之下,在协作式集成模型构建中,协作方法有助于协作者明确地理系统的子元素、子过程以及要素和过程的相互作用关系,从而共同选择适合的子模型(模型组件或模型服务等)进行模型集成(Chen et al.,2019)。

地理模拟计算活动可以支持不同成员共同对地理现象和过程进行反演、模拟和预测。特别是对于多领域融合、多要素交织的综合地理模拟,不同成员可能只熟悉各自领域的地理模型或模拟工具。当成员以协作化的方式使用地理模拟时,他们可以共同进行模型选择、数据配置、参数设置以及模型调用,从而实现地理过程与现象的模拟分析。

验证与评估活动主要用于提升地理模拟的性能以及模拟结果的可用性和可信度,包括不确定性分析、模型验证、模拟结果比较等。验证与评估活动的开展有赖于众多专业知识与经验,如果没有足够的验证与评估知识,个体研究者通常很难完成这项活动。协作方法有助于帮助模拟分析成员在完成不确定性分析、模拟比较、模拟结果验证等任务时,选择适当的方法和指标,以提升验证与评估的效果,降低获得"错误"结果的概率。

地理决策支持活动可以用于支持模拟分析成员对决策备选方案进行权衡和比较,并从中选择较优的方案来解决地理问题。当前地理模拟分析研究中,有许多工具可用于支持决策,如多目标决策工具和多属性决策工具。工具的选择和使用同样需要具有不同经验的成员参与。此外,模拟决策也不全是专家和研究者的专属工作。尽管对模型、算法和其他技术问题知之甚少,但是利益相关者和普通公众仍可以通过提供建议和提出反馈等方式支持地理决策,以提高地理模拟决策的透明度,产生更可信的决策结果(Mendoza and Prabhu,2006)。

此外,由于地理模拟分析通常是需要渐进探索的,其路径通常随着成员对地理问题认识的深入而逐渐清晰,因此在地理模拟分析求解过程中,可能需要对活动进行分解,创建不同的子活动,从而形成层次化的结构。所以,除了上述 8 种类型的活动外,还有一种类型的活动,即过程构建活动。该类型的活动主要用于支持模拟分析成员分析思路、分析活动、创建子活动。因此,在引导式的群体组织管理方法下,地理模拟分析过程通常如图 6.7 所示。

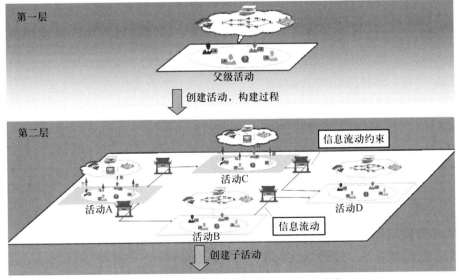

图 6.7　地理模拟分析过程(Ma et al.,2022)

为了帮助不同模拟分析参与人员专注于其各自的工作与任务,该方法提出了一种"活动-工作空间"的策略。在此策略中,每个地理模拟分析活动的名称、类型和模拟目标等信息都会被完善描述。通过了解不同活动的详细信息可以引导地理位置分散的参与人员选择他们更为熟悉擅长的活动。此外,这些不同类型的活动中关联着与活动目标关联的多种模拟资源,如不同类型的数据和模型。基于这些活动,不同参与成员可以进入专门的活动中,访问不同的在线工具(如可视化和分析工具)和资源,从而进行协商交流并使用所需要的模型和数据进行协同数据处理、模型构建、结果评估。通过不同活动之间的相互关联和结果分享,可以实现整个模拟分析工作的有序进行。

### 6.3.3  协同模拟的控制与实现

为了支撑不同模式协同模拟分析的有效开展,需要解决几个主要问题:如何对不同参与者的权限进行控制?如何支撑不同参与者的并发交互操作?如何对并发交互的冲突进行处理?

#### 1)基于角色的协同权限控制方法

在地理模拟分析过程中,参与人员根据其领域背景的差异往往具有不同的角色。"角色"是一个社会学名词,是"个人在社会关系体系中处于特定社会地位,并符合社会期望的一套个人行为模式"(乐国安,2009)。在协同地理模拟分析中,空间分散的不同领域专家学者、管理决策人员、利益相关公众通过计算机通信技术汇聚在网络空间中,以协作的方式进行地理问题分析、过程模拟、结果评估等问题求解活动。网络空间中的参与人员源于现实世界,他们的职责与权限也源于现实世界中各自的领域、专业、知识,因此为了实现协同地理模拟分析的有序进行,需要对网络空间中参与人员的权限进行约束。

为了对参与协同地理模拟分析的不同人员进行权限控制,该方法设计了基于角色的协同权限控制策略。角色模型是该策略的核心,它既考虑了角色的社会学背景,又兼顾了网络空间中地理模拟分析的特殊需求。因此,角色模型主要包含了扮演、权限、感知、思维、行为、表达共6个模块(徐丙立等,2018)。其中,角色扮演主要是对角色模型进行实例化并赋予具体参与者,从而实现参与者与角色的绑定;角色权限主要用于对角色对应的权限进行管理,可以通过感知、思维、行为、表达等不同方面进行功能约束;角色感知是角色信息的输入通道,可以通过人机交互的方式实现角色对参与者输入信息、其他角色状态及行为、环境信息、状态及变化过程的感知;角色思维是在角色感知外部信息后,对信息进行加工、处理、分析、推理及决策的主要功能模块;而角色行为是不同角色有序、有目标的动作的集合,其通常具有一定的思维导向性。

在协同地理模拟分析中,所使用的地理空间数据往往会被不同领域背景、组织机构的人员访问,而这种开放性可能与数据本身的隐私性与机密性相矛盾。因此,数据安全显得格外重要,需要对参与协同的不同人员进行权限管理与控制。为了在协同地理模拟分析中同时兼顾数据的开放性与安全性,基于上述角色模型发展形成了基于角色的协同权限控制方法。该方法可以根据参与人员的具体角色进行权限的指定、授予、组织与管理,从而实现灵活的数据操作安全保障。为了汇聚不同领域研究者、鼓励诸多利益相关公众参与地球系统科学、可持续发展、全球变化与区域响应的研究与决策,该方法中将参与协同的人员角色分为 6 个主要类型:领域专家、研究人员、学生、决策人员、社会公众(访客)和管理人员(表 6.1)。

**表 6.1    协同地理模拟分析中的角色类型及其部分权限级别**(Chen et al., 2021)

| 项目 | 领域专家 | 研究人员 | 学生 | 决策人员 | 访客 | 管理人员 |
|------|---------|---------|------|---------|------|---------|
| 工作流建模 | 高级 | 中级 | 基础 | 无 | 无 | 最高 |
| 工作流编辑 | 高级 | 中级 | 基础 | 无 | 无 | 最高 |
| 工作流执行 | 高级 | 中级 | 基础 | 无 | 无 | 最高 |
| 工作流可视化 | 高级 | 中级 | 基础 | 高级 | 基础 | 最高 |
| 工作流分析 | 高级 | 中级 | 基础 | 高级 | 基础 | 最高 |

基于角色的协同权限控制方法的核心是“角色-用户-权限”的结构模式。该模式主要依托于角色概念模型(徐丙立等,2018),同时借鉴了 Microsoft 平台的用户权限控制方法。它会首先根据为用户分配的不同角色提供默认权限。在此基础上,可以通过综合考虑从属关系、研究领域、专业级别、研究目标的时空范围等,对用户的权限级别与范围进行更新和修改。此外,用户还会具有附加权限。在该方法中附加权限由协同模拟分析中分配的任务定义,可以从上一级活动中的权限继承而来。相比默认权限的永久性用户权限,附加权限通常是临时的,并且会随着任务需求的变化发生变更。

用户权限定义了协同模拟分析中用户对地理空间数据的访问级别。访问级别是用户权限的特定行使范围。表 6.1 展示了 6 类不同角色在基于科学工作流进行协同地理模拟分析时的权限级别。在该案例中,工作流建模主要是指地理科学工作流的构建,同时用户也可以访问用于工作流构建的相关地理模拟分析资源;工作流编辑是对现有地理科学工作流的修改、更新、删除以及共享等;工作流执行是控制并执行地理科学工作流以进行地理模拟分析;工作流可视化是指对地理科学工作流的版本信息进行可视化;工作流分析主要是对地理科学工作流的模拟执行结果进行评估与分析。对于这些不同的权限,可以分为由"无"到"最高"从低到高5种不同权限范围。其中,具有最高权限级别的用户可以对工具中的所有工作流进行访问;高级别的用户权限可以支持对用户自己所属、关联及从属的组织机构、领域背景、时空范围数据进行访问;中级别访问权限可以访问用户自己所属机构、研究领域及研究时空范围的数据;基础访问级别的用户仅可以访问自己所构建的地理科学工作流、分享的地理空间数据和模型;无访问权限则是完全的权限禁止。

2) 协同并发控制方法

并发控制是计算机支持的协同工作系统(CSCW)中多用户合作得以实现的关键。在协同地理模拟分析工具中,所有被赋予权限的参与人员都可以对地理分析模型和空间数据进行操作,因此不可避免地会遇到不同参与者操作冲突的问题,例如,两个专家同时对某一地理对象进行目标相悖的编辑操作(如模型数据和参数的配置、空间数据的编辑等)。并发控制可以实现对不同参与人员的操作进行管理,以避免操作上的冲突,提高协同模拟分析工作的一致性、稳定性和可靠性。当前,常用的并发控制方法包括锁定机制、时标策略、发言权控制等。

(1) 锁定机制

锁是并发控制的一种常见技术,可以通过对数据加锁和解锁的方式控制不同用户对某一数据的同时访问。在协同模拟分析中,用户对某一对象(如模型、数据、参数等)的操作必须首先申请该对象的锁,在申请成功并加锁完成后方可进行对象操作,当操作完成后会进行对象解锁操作,而其他用户需要等到对象解锁后才能进行对象操作。然而,在进行协同操作时的加锁、解锁可能会影响系统的响应效率,系统往往不易确定加锁与解锁的时间以及需要锁定的对象范围(Ellis and Gibbs,1989)。

针对这一问题,锁定机制发展出两种实现技术:悲观锁和乐观锁。悲观锁会假设每次的对象操作都会存在操作冲突,所以每次的对象操作都会进行加锁与解锁;相反,乐观锁并不认为每次对象操作都会产生冲突,因此当用户发出对象操作请求后,系统会直接对请求进行处理,直到处理结果更新时系统才会自动判断是否存在冲突以决定操作结果能否接收。

当前,锁定技术已经被较多地应用于协同地理模拟分析实践中,支持了空间查询、空间数据编辑、地理分析等操作活动,可以解决多用户同时操作空间数据时的并发问题(战治国等,2005;郭朝珍等,2006)。

(2) 时标策略

时标策略是根据操作所发生的时序而确定的操作执行逻辑。在时标策略中,协同地理模拟分析的所有操作都会进入一个全局的逻辑队列中,按照时间顺序执行排序操作。时标策略与锁定机制类似,都可以被视为针对并发操作的串行执行,但是时标策略所产生的串行操作执行序列是由时序决定的,并且当发生操作冲突时,时标策略会进行操作撤销,同时重启一个操作事务并赋予新时标。

根据具体实现机制的不同,时标策略所生产的串行操作序列可以分为悲观串行化和乐观串行化。悲观串行化会对所有操作进行基于时标先后的串行排序,因此这种串行化方式的执行效率较低,操作执行时常常面临大量操作等待;乐观串行化会对系统接收到的每个操作进行处理,当系统检测到系统操作是以乱序方式进行执行时,会进行撤销和重新操作处理以调整执行顺序,因此乐观操作保留大量历史操作结果从而导致较大的系统开销。

（3）发言权控制

发言权控制也称为基于"令牌"的并发控制。该方法在某一具体时段只允许一个用户进行地理模拟分析操作,包括模型集成、数据处理、参数设置等,因此也常被视为一种粗粒度的锁(Sun and Li,2016)。发言权控制方式是多用户系统中常用的一种并发控制方法,它主要包括发言权请求、分配、释放等步骤。例如,三维 GIS 系统中不同用户的协同并发控制(Chang and Li,2008;Hu et al.,2015),以及应急管理系统中多用户操作的实现(Schafer et al.,2009)。在基于发言权控制的协同地理模拟分析系统中,参与人员可以通过抢占或是申请的方式获得发言权。具有发言权的参与人员具有完全的操作和控制权限,而其他参与者只能参与互动而没有操作能力,只能等待发言权释放后进行权限申请。

除了上述并发控制方法外,专家学者还研究设计了其他方法,如操作转换、依赖探测等,为协同地理模拟分析的实现提供可靠的理论与方法基础。此外,为了优化协同并发的控制效果,在保证协同工作一致性、稳定性的基础上,还需要提升地理模拟分析操作的执行效率,降低系统开销,因此还可以综合使用不同并发控制方法,例如,锁定机制与发言权控制的混合使用。

3）协同冲突的协调方法

并发控制是支撑协同地理模拟分析安全稳定的前提,此外还需要对各种潜在的协同冲突进行监测与消解。协同冲突主要是指不同参与人员对相同对象进行不同的操作,或是系统工具对协同模拟分析操作产生不同的判读结果,从而形成操作或结果上的不一致性。

协同冲突可能发生在地理模拟分析的不同阶段,包括方案探索、数据处理、模拟分析、结果评估等。由此产生的协同交互冲突主要有方案设计冲突、模型操作冲突、数据处理冲突、模拟控制冲突、结果判读冲突等。其中,方案设计冲突主要是在建模与模拟方案设计过程中,参与者知识水平、领域背景、思考角度等方面的差异,造成了方案设计上的不一致;模型操作冲突主要发生在模型设置过程中,由于地理分析模型对运行参数和数据是严格要求的,同时不同参数或数据之间往往存在取值范围、阈值、选项等方面的关联关系,因此参与者在进行模型操作时可能会出现参数或数据设置不匹配等冲突问题;数据处理冲突是参与者为模型运行、可视化等需求提供适用数据时所产生的冲突,例如,同时对某一空间数据进行格式转换和重投影;模拟控制冲突是与地理分析模型计算运行过程中不同状态相关的冲突,例如,对模拟过程的重启与回退等;结果判读冲突是在模拟结果的内涵理解、误差分析、合理性评估等工作中所产生的语义冲突、理解偏差等不一致问题。

上述冲突的存在会严重影响地理模拟分析的质量,因此在协同地理模拟分析过程中需要对各种协同冲突进行检测和消解。目前,可以用于冲突检测的方法主要有基于约束条件的检测方法、基于数据一致性的检测方法、基于 Petri 网的检测方法、基于操作变化的检测方法,以及主观判断法等。这些方法可以实现对条件约束、方案设计、同步操作等问题所产生的多种协同冲突进行判别和检测。

为保证协同的高效进行,在检测到冲突后需要及时进行冲突的消解。目前常用的冲突消解方法主要包括以加权平均法、求取众数法、约束松弛法、元数据检验法、知识推理法、回溯法等为代表的计算机自动消解方法,以及包括群体协商、投票、仲裁等途径在内的人工干预消解方法。通过上述消解方法,协同地理模拟分析工具可以对不同参与者所设置的参数进行求平均或取众数,能够对参数的范围或者数据的类型进行约束,能够对不合理的模拟结果进行回溯,也能够对不同模拟方案进行协商修改或讨论仲裁,从而实现协同冲突的有效解决。

## 6.3.4    协同模拟的跟踪与记录

面对协同地理模拟分析过程中的各种分歧、隐藏的操作失误、难以满意的模拟分析结果,往往需要进行模拟分析过程的回退、溯源和更新。因此,针对协同地理模拟分析过程的跟踪与记录至关重要。

1) 基于版本的协同模拟记录

版本是对协同地理模拟分析中不同模拟状态的描述。为了支撑协同地理模拟分析,对模拟分析的任务与结果进行迭代与优化,需要针对地理模拟分析中情景配置、过程数据、模拟结果及其相互关系进行版本化的组织与管理。

基于版本的地理模拟分析记录方法是应对上述需求的可行方法。该方法设计了一个版本模型用于对模拟分析过程及结果进行组织与管理,并通过将计算缓存的概念与传统时空数据库框架进行结合,从而形成灵活的计算缓存网络,使得原本离散的地理模拟数据转变为相互关联、可追溯、易获取的版本数据。该方法会在协同地理模拟过程中建立模拟分析过程的计算版本树。如图 6.8 所示,版本树的每个节点即为一个计算版本,用于记录一次模拟分析过程,其中记录了所需解决的地理问题、问题求解过程、模拟分析结果,以及所使用的具体模型、参数、数据、运行日志等。不同节点之间的连线表示了版本之间的关联关系,而连线的方向代表了这种关联关系的衍生方向。通过版本树的构建,可以实现对不同模拟版本中计算结果的重用,以增加数据量的方式减少计算开销。

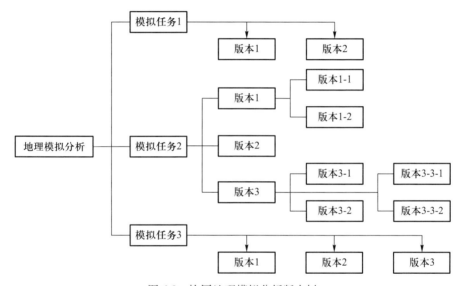

图 6.8　协同地理模拟分析版本树

地理模拟分析版本化的实现可以支持模拟过程与结果的协同优化。针对协同模拟分析中输入参数集的多次修改和更新,版本树会形成多个具有不同模拟分析结果的版本。通过引入有向无环图(directed acyclic graph, DAG),构建模拟版本动态组织框架,并利用深度优先及广度优先的搜索方法,查询不同模拟版本并进行比较,从而评估不同参数设置对模拟分析结果的影响。

这种基于 DAG 的模拟版本动态组织框架,如图 6.9 所示,可以对单一的原子模型、多模型组合构成的集成模型及其相关联的参数、数据进行版本化的组织管理。其中,原子模型主要是指相对独立并具有完整计算功能的单一地理分析模型,通过为原子模型配置参数和输入数据可以进行模拟计算并得到相应结果。集成模型是不同地理分析模型的组合,不同模型通过中间数据形成逻辑上的整体性模型。原子模型与集成模型的模拟状态会被记录到版本树中形成多版本模

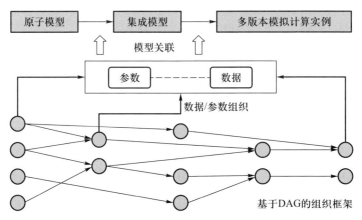

图 6.9　基于 DAG 的地理模拟分析版本化动态组织框架

拟计算实例,不同模型的相关参数和数据会通过 DAG 建立联系,从而形成组织结构。

　　动态组织框架中所涉及的输入参数、输入数据、中间结果、最终结果之间的依赖关系是模拟版本动态组织的关键,能够为模拟结果优化时的重复计算提供版本继承以及结果重用检查机制。从框架中继承的各种版本模拟计算过程可以对此前相关联的中间结果进行重用,以此与旧版本相同参数下的计算结果进行对比,从而进行灵活、方便、快捷的模拟分析优化。因此,通过基于 DAG 的模拟版本动态组织框架,可以面向协同模拟过程与结果优化,实现多源异构、不同粒度地理模拟分析数据的版本化管理。

　　2）基于交互行为的协同模拟记录

　　协同地理模拟分析过程的不透明常常导致其分析结果的难以追溯和理解,不利于对结果进行优化、对过程进行复盘。因此,为了充分理解地理模拟分析中不同中间数据及最终结果的由来,需要对多人参与的协同过程进行跟踪和记录。其中,源自不同参与者的模拟分析交互行为(例如,不同参与者对模型参数的设置、对数据的共享或者对结果的可视化等)是实现过程跟踪与记录的关键。通过记录交互行为,帮助不同参与者了解模拟计算结果的来源、产生的过程、实现的路径,以及参与者对结果的任务与贡献,从而便于对地理模拟分析进行回溯、迭代和优化(Hutton et al.,2016;Zhang et al.,2020)。

　　为了对协同地理模拟分析过程中的各种交互行为进行记录,需要设计地理模拟分析过程及其交互行为的统一表达方法。在现有研究中,专家学者较多地基于科学工作流或统一建模语言(Unified Modeling Language,UML)进行求解过程的描述与表达(Chen et al.,2021;Balram and Dragićević,2006)。虽然这类方法可以较好地展现出求解过程的结构,但是仍然难以对过程中诸多类型的交互行为进行描述。此外,基于文档的方法也常被用于对地理模拟分析过程中的行为进行记录与追溯(Grimm et al.,2014),但是这种方式却不善于表达过程结构。因此,通过综合两类方法优势设计而成的协同地理模拟分析的过程层次化表达模型,成为应对上述需求的有效方法,如图6.10所示。该模型主要包括了过程结构表达框架和活动描述文档两个部分,可以实现对协同地理模拟分析过程的路径结构以及过程内部的各种不同交互行为进行表达与记录。

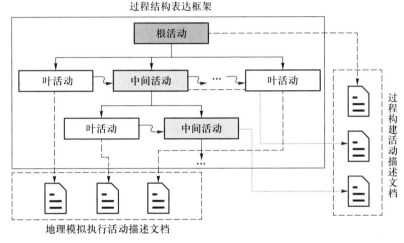

图6.10 协同地理模拟分析过程层次化表达模型结构(Ma et al.,2022)

在模型的具体结构方面,过程结构表达框架主要由不同活动以及活动之间的关系组成,其整体结构为层次化的"树"状结构,"树"中的各个节点即为活动,根据节点在"树"结构中的位置,活动包括根活动、中间活动和叶活动;而根据"树"结构中的节点层次关系,活动又分为父活动和子活动,具有相同父活动的兄弟活动之间往往具有输入/输出上的依赖关系(例如,某个活动的输出结果是另一个活动的输入数据),从而形成"有向图"结构。过程结构表达框架的逻辑结构如图6.11a所示。活动描述文档由结构化描述语言编写(如XML),其中的节点表示交互行为中的不同要素,包括参与人员、数据、模型、操作等,节点的属性则描述了要素的不同状态,而节点之间的关联与组合则可以记录活动之间不同要素的交互行为。活动描述文档的逻辑结构如图6.11b所示。在层次化表达模型结构中,每个活动描述文档都具有唯一的标识id,可以与过程表达框架中的活动(节点)相互关联,从而形成既可以表达协同地理模拟分析过程的结构路径,又可以对过程中的具体模拟分析细节进行记录的整体性结构。

基于过程层次化表达模型,地理模拟分析中不同参与者的协作过程,他们对数据、模型的使用方式以及结果都会被详细地记录下来。因此在后续的结果优

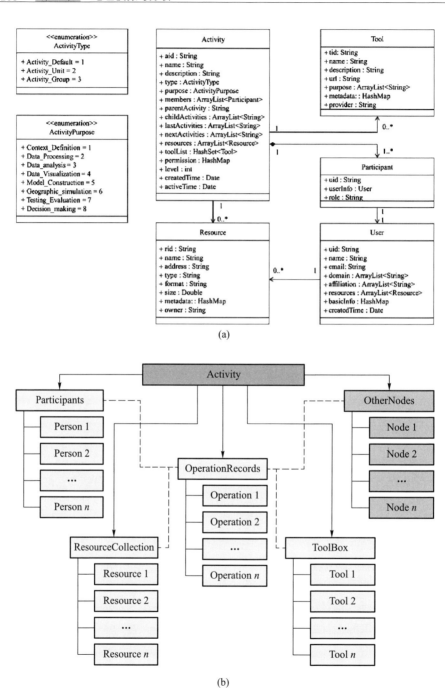

(a)

(b)

图 6.11　协同地理模拟分析的交互行为追溯示意图：(a)过程结构表达框架的逻辑结构；
(b)活动描述文档的逻辑结构

化时,专家学者可以追溯并查看此前的步骤,从而进行模型、参数、数据的调整以获得更佳的模拟分析结果。

基于过程层次表达模型的交互行为追溯主要分为两种:基于活动描述文档的活动内追溯和基于过程表达框架的跨活动追溯。活动内追溯主要通过活动描述文档中,不同节点之间的属性关联进行追溯,例如,谁使用了什么数据、什么模型获得了什么结果。而跨活动追溯主要基于过程表达框架中不同活动的关联关系进行追溯,例如,某一活动内的数据是从哪些活动中继承而来的。如图 6.12所示,在由活动 1 到活动 4,四个活动构成的地理模拟分析过程中,为了找到模拟结果不符预期的原因,需要追溯之前的交互行为,发现问题的症结所在。因此,通过上述方法,可以从活动描述文档 4 开始进行交互行为追溯,根据过程表达框架中的活动依赖关系追溯到活动 3 和活动 4 中,从而可以进一步在活动描述文档 2 与活动描述文档 3 中进行交互行为追溯。以此,可以一直追溯到活动 1 中,直至找到有问题的交互行为。

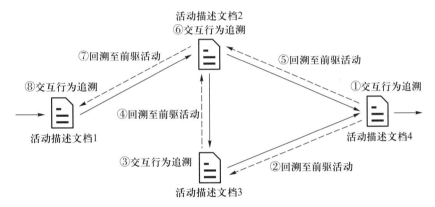

图 6.12　协同地理模拟分析的交互行为追溯示意图

总体而言,对协同地理模拟分析过程中的交互行为进行记录可以帮助参与者了解地理模拟分析的实现过程及其具体细节,各种不同模拟结果产生的方法与路径。在此基础上,通过对交互行为的追溯,能够以透明的方式将这些过程和路径呈现给参与人员,以支撑对模拟分析结果的复盘。由此,可以帮助参与者了解此前模拟分析的不足,便于进行地理模拟的迭代与优化。

# 参 考 文 献

蔡毅,邢岩, 胡丹. 2008. 敏感性分析综述. 北京师范大学学报(自然科学版), (1): 9-16.

崔翰川. 2013. 面向共享的矢量地理数据安全关键技术研究. 南京师范大学博士研究生学位

论文.

杜彦臻. 2019. 沁水河流域水文模型参数优化及数值模拟研究. 山东农业大学硕士研究生学位论文.

盖迎春, 李新. 2012. 水资源管理决策支持系统研究进展与展望. 冰川冻土, 34(5): 1248-1256.

宫林成. 2021. 多用户实时同步协同地图编辑云平台的设计探讨. 测绘与空间地理信息, 44(11): 105-107, 110.

宫鹏. 2009. 遥感科学与技术中的一些前沿问题. 遥感学报, 13(1): 13-23.

郭朝珍, 王钦敏, 庄苗, 等. 2006. 空间数据协同编辑平台协同机制的研究. 计算机集成制造系统, (5): 777-781.

胡圣武, 余旭. 2016. 空间数据不确定性研究进展. 河南理工大学学报(自然科学版), 35(6): 815-822.

黄春林, 李新. 2004. 陆面数据同化系统的研究综述. 遥感技术与应用, (5): 424-430.

李德仁, 龚健雅, 边馥苓. 1994. GIS 的数据组织与处理方法. 测绘通报, (1): 28-37.

李向阳. 2006. 水文模型参数优选及不确定性分析方法研究. 大连理工大学博士研究生学位论文.

李新, 黄春林, 车涛, 晋锐, 王书功, 王介民, 高峰, 张述文, 邱崇践, 王澄海. 2007. 中国陆面数据同化系统研究的进展与前瞻. 自然科学进展, (2): 163-173.

芦宇辰. 2020. 面向协作交流的概念图库构建方法研究. 南京师范大学硕士研究生学位论文.

史文中. 2015. 空间数据与空间分析不确定性原理. 北京: 科学出版社.

宋秋艳. 2008. 不规则三角网及其可视化实现. 中南大学硕士研究生学位论文.

宋晓猛, 占车生, 孔凡哲, 夏军. 2011. 大尺度水循环模拟系统不确定性研究进展. 地理学报, 66(3): 396-406.

孙想, 吴华瑞, 朱华吉, 顾静秋. 2011. 基于语义 Web 的农业生产协同决策服务机制研究. 农机化研究, 33(3): 34-38.

谈晓军, 边馥苓, 何忠焕. 2003. 地图符号可视化系统的面向对象设计与实现. 测绘通报, (1): 11-13+45.

汤国安. 2019. 地理信息系统教程. 北京: 高等教育出版社.

唐泽圣. 1999. 三维数据场可视化. 北京: 清华大学出版社.

王进. 2021. 基于场景的地理概念建模方法研究. 南京师范大学博士研究生学位论文.

吴娟. 2008. 地理要素的并发编辑研究. 南京师范大学硕士研究生学位论文.

熊剑智. 2016. 城市雨洪模型参数敏感性分析与率定. 山东大学硕士研究生学位论文.

徐丙立, 饶毅, 陈宇婷, 等. 2018. 使用角色构建虚拟地理环境群体协同方法. 武汉大学学报(信息科学版), 43(10): 1580-1587.

许慎. 2008. 说文解字. 北京: 中国戏剧出版社.

杨慧. 2009. 基于 Holon 的分布式协同地理建模控制模式研究. 江苏: 南京师范大学.

杨慧, 闾国年, 盛业华. 2020. 基于 Holon 的分布式协同地理建模环境理论、方法与应用. 北京: 科学出版社.

乐国安. 2009. 社会心理学. 北京: 中国人民大学出版社.

乐松山. 2016. 面向地理模型共享与集成的数据适配方法研究. 南京师范大学博士研究生学位论文.

战治国, 金海, 袁平鹏.2005. 实时协同标绘系统中的即时锁共享机制研究. 华中科技大学学报（自然科学版）,（S1）:379-382.

张明达, 乐鹏, 高凡. 2018. 组件与服务耦合的地学模型集成方法与实现. 武汉大学学报（信息科学版）, 43（7）: 1106-1112.

张硕. 2022. 面向流域水文模型服务的参数敏感性在线分析方法研究. 南京师范大学硕士研究生学位论文.

赵时英. 2013. 遥感应用分析原理与方法. 北京：科学出版社.

诸云强, 孙九林, 廖顺宝, 杨雅萍, 朱华忠, 王卷乐, 冯敏, 宋佳, 杜佳. 2010. 地球系统科学数据共享研究与实践. 地球信息科学学报, 12（1）: 1-8.

Almoradie, A., Cortes, V. J., Jonoski, A. 2015. Web-based stakeholder collaboration in flood risk management. *Journal of Flood Risk Management*, 8（1）: 19-38.

Badham, J., Elsawah, S., Guillaume, J. H., Hamilton, S. H., Hunt, R. J., Jakeman, A. J., Pierce, S. A., Snow, V. O., Babbar-Sebens, M., Fu, B., Gober, P. 2019. Effective modeling for Integrated Water Resource Management: A guide to contextual practices by phases and steps and future opportunities. *Environmental Modelling & Software*, 116: 40-56.

Balram, S., Dragićević, S. 2006. Modeling collaborative GIS processes using soft systems theory, UML and object oriented design. *Transactions in GIS*, 10（2）: 199-218.

Beall, A., Zeoli, L. 2008. Participatory modeling of endangered wildlife systems: Simulating the sage-grouse and land use in Central Washington. *Ecological Economics*, 68（1-2）: 24-33.

Beven, K., Binley, A. 1992. The future of distributed models: Model calibration and uncertainty prediction. *Hydrological Processes*, 6: 279-298.

Chandler, J., Obermaier, H., Joy, K.I. 2015. Interpolation-based pathline tracing in particle-based flow visualization. *IEEE Transactions on Visualization and Computer Graphics*, 21（1）: 68-80.

Chang, Z., Li, S. 2008. Architecture design and prototyping of a web-based, synchronous collaborative 3D GIS. *Cartography and Geographic Information Science*, 35（2）: 117-132.

Chen, M., Lin, H., Wen, Y., He, L., Hu, M. 2012. Sino-VirtualMoon: A 3D web platform using Chang'e-1 data for collaborative research. *Planetary and Space Science*, 65（1）: 130-136.

Chen, M., Tao, H., Lin, H. and Wen, Y. 2011. A visualization method for geographic conceptual modelling. *Annals of GIS*, 17（1）: 15-29.

Chen, M., Yue, S., Lü, G., Lin, H., Yang, C., Wen, Y., Hou, T., Xiao, D., Jiang, H. 2019. Teamwork-oriented integrated modelling method for geo-analysis. *Environmental Modelling & Software*, 119: 111-123.

Chen, Y., Lin, H., Xiao, L., Jing, Q., You, L., Ding, Y., Hu, M. and Devlin, A.T. 2021. Versioned geoscientific workflow for the collaborative geo-simulation of human-nature interactions—A case study of global change and human activities. *International Journal of Digital Earth*, 2021, 14（4）: 510-539.

Dixon, S. J., Gregory H. S. S., James L. B., Andrew P. N., Jon M. B., Mark E. V., Maminul H.

S., Steven G. 2018. The planform mobility of river channel confluences: Insights from analysis of remotely sensed imagery. *Earth-Science Reviews*, 176: 1-18.

Ellis, C. A., Gibbs, S. J. 1989. Concurrency control in groupware systems. 1989 ACM SIGMOD International Conference on Management of Data.New York, USA.

Gaddis, E. J. B., Falk, H. H., Ginger, C., Voinov, A. 2010. Effectiveness of a participatory modeling effort to identify and advance community water resource goals in St. Albans, Vermont. *Environmental Modelling and Software*, 25(11): 1428-1438.

Grimm, V., Augusiak, J., Focks, A., Frank, B.M., Gabsi, F., Johnston, A.S., Liu, C., Martin, B.T., Meli, M., Radchuk, V., Thorbek, P. 2014. Towards better modelling and decision support: Documenting model development, testing, and analysis using TRACE. *Ecological Modelling*, 280: 129-139.

Hu, Y., Lv, Z., Wu, J., Janowicz, K., Zhao, X., Yu, B. 2015. A multistage collaborative 3D GIS to support public participation. *International Journal of Digital Earth*, 8(3): 212-234.

Hutton, C., Wagener, T., Freer, J., Han, D., Duffy, C., Arheimer, B. 2016. Most computational hydrology is not reproducible, so is it really science? *Water Resources Research*, 52 (10): 7548-7555.

Jankowski, P., Nyerges, T. 2001. *GIS for Group Decision Making*. CRC Press.

Jones, N.A., Perez, P., Measham, T.G., Kelly, G.J., d'Aquino, P., Daniell, K.A., Dray, A., Ferrand, N. 2009. Evaluating participatory modeling: Developing a framework for cross-case analysis. *Environmental Management*, 44(6): 1180-1195.

Li, G., Li, C., Yu, W., Xie, J. 2010. Security accessing model for web service based geo-spatial data sharing application. Digital Earth Summit of ISDE, Nessebar, Bulgaria Vol.

Lin, H., Chen, M., Lu, G., Zhu, Q., Gong, J., You, X., Wen, Y., Xu, B., Hu, M. 2013a. Virtual geographic environments (VGEs): A new generation of geographic analysis tool. *Earth-Science Reviews*, 126: 74-84.

Lin, H., Chen, M., Lu, G. 2013b. Virtual geographic environment: A workspace for computer-aided geographic experiments. *Annals of the Association of American Geographers*, 103 (3): 465-482.

Lin H, Chen M. 2015. Managing and sharing geographic knowledge in virtual geographic environments (VGEs). *Annals of GIS*, 21(4): 261-263.

Lin, H., Zhu, Q., Gong, J., Xu, B., Qi, H. 2010. A grid-based collaborative virtual geographic environment for the planning of silt dam systems. *International Journal of Geographical Information Science*, 24(4):607-621.

Ma, Z., Chen, M., Zheng, Z., Yue, S., Zhu, Z., Zhang, B., Wang, J., Zhang, F., Wen, Y., Lü, G. 2022. Customizable process design for collaborative geographic analysis. *GIScience & Remote Sensing*, 59(1): 914-935.

MacEachren, A. M., Brewer, I. 2004. Developing a conceptual framework for visually-enabled geocollaboration. *International Journal of Geographical Information Science*, 18(1): 1-34.

Mendoza, G. A., Prabhu, R. 2006. Participatory modeling and analysis for sustainable forest management: Overview of soft system dynamics models and applications. *Forest Policy and Economics*, 9(2): 179−196.

Nyerges, T. L., Roderick, M. J., Avraam, M. 2013. CyberGIS design considerations for structured participation in collaborative problem solving. *International Journal of Geographical Information Science*, 27(11): 2146−2159.

Palomino, J., Muellerklein, O. C., Kelly, M. 2017. A review of the emergent ecosystem of collaborative geospatial tools for addressing environmental challenges. *Computers, Environment and Urban Systems*, 65: 79−92.

Rajib, M.A., Merwade, V., Kim, I.L., Zhao, L., Song, C., Zhe, S. 2016. SWATShare—A web platform for collaborative research and education through online sharing, simulation and visualization of SWAT models. *Environmental Modelling & Software*, 75: 498−512.

Saltelli, A., Ratto, M., Andres, T., Campolongo, F., Cariboni, J., Gatelli, D., Saisana, M., Tarantola, S. 2008. *Global Sensitivity Analysis: The Primer*. John Wiley & Sons.

Schafer, W.A., Ganoe, C.H., Carroll, J.M., 2009. Supporting community emergency management planning through a geocollaboration software architecture. *Learning in Communities: Interdisciplinary Perspectives on Human Centered Information Technology*: 225−258.

Schiappapietra, E., Douglas, J. 2020. Modelling the spatial correlation of earthquake ground motion: Insights from the literature, data from the 2016−2017 Central Italy earthquake sequence and ground-motion simulations. *Earth-Science Reviews*, 203: 103139.

Shuler, C. K., Mariner, K. E. 2020. Collaborative groundwater modeling: Open-source, cloud-based, applied science at a small-island water utility scale. *Environmental Modelling & Software*, 127: 104693.

Song, X., Zhang, J., Zhan, C., Xuan, Y., Ye, M., Xu, C. 2015. Global sensitivity analysis in hydrological modeling: Review of concepts, methods, theoretical framework, and applications. *Journal of Hydrology*, 523: 739−757.

Sun, Y., Li, S. 2016. Real-time collaborative GIS: A technological review. ISPRS *Journal of Photogrammetry and Remote Sensing*, 115: 143−152.

Suwarno, A., Nawir, A.A. 2009. Participatory modelling to improve partnership schemes for future Community-Based Forest Management in Sumbawa District, Indonesia. *Environmental Modelling & Software*, 24(12): 1402−1410.

Thiemann, M., Trosset, M., Gupta, H., Sorooshian, S. 2001. Bayesian recursive parameter estimation for hydrologic models. *Water Resources Research*, 37: 2521−2536.

Wang, J., Chen, M., Lü, G., Yue, S., Wen, Y., Lan, Z., Zhang, S. 2020. A data sharing method in the open web environment: Data sharing in hydrology. *Journal of Hydrology*, 587: 124973.

Zhang, B., Chen, M., Ma, Z., Zhang, Z., Yue, S., Xiao, D., Zhu, Z., Wen, Y., Lü, G. 2022. An online participatory system for SWMM-based flood modeling and simulation. *Environmental Science and Pollution Research*, 29(5): 7322−7343.

Zhang, M., Jiang, L., Zhao, J., Yue, P., Zhang, X. 2020. Coupling OGC WPS and W3C PROV for provenance-aware geoprocessing workflows. *Computers & Geosciences*, 138: 104419.

Zhang, X., Pazner, M. 2004. The icon imagemap technique for multivariate geospatial data visualization: Approach and software system. *Cartography and Geographic Information Science*, 31 (1): 29-41.

# 索　　引

**地理信息系统的数学基础**
吴华意 沃夫冈·凯恩斯 著

**ArcGIS Pro 地理信息系统应用与实践**
陆丽珍 张丰 编著

**激光雷达森林生态应用（英文版）**
郭庆华 苏艳军 胡天宇 著

**地理信息科学展望（英文版）**
李斌 施迅 朱阿兴 王翠珍 林珲 主编

**虚拟地理环境导论**
林珲 胡明远 陈旻 等著

**Web GIS 原理与技术（第二版）**
付品德 秦耀辰 主编 闫卫阳 副主编

**城市遥感（英文版）**
邵振峰 著

**新型 SAR 地球环境观测**
郭华东 李新武 傅文学 张露 吴文瑾 梁雷 彭星 孙中昶 著

**洪水遥感诊断——以泰国大城为例（英文版）**
Chunxiang Cao    Min Xu    Patcharin Kamsing    Sornkitja Boonprong
Peera Yomwan    Apitach Saokarn

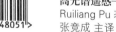

**激光雷达数据处理方法——LiDAR360 教程**
郭庆华 陈琳海 著

**空间流行病学**
张志杰 姜庆五 等著

**高光谱遥感——基础与应用**
Ruiliang Pu 著
张竞成 主译

**遥感抽样原理与应用**
朱秀芳 张锦水 李宜展 潘耀忠 著

**众包地理知识——志愿式地理信息理论与实践**
Daniel Sui    Sarah Elwood    Michael Goodchild 主编
张晓东 黄健熙 苏伟 等译

**农作物类型遥感识别方法与应用**
朱秀芳 张锦水 潘耀忠 等著

**Web GIS 原理与技术**
付品德 秦耀辰 闫卫阳 等著

**激光雷达森林生态应用——理论、方法及实例**
郭庆华 苏艳军 胡天宇 刘瑾 著

**地理信息科学前沿**
林珲 施迅 主编

## 郑重声明

高等教育出版社依法对本书享有专有出版权。任何未经许可的复制、销售行为均违反《中华人民共和国著作权法》，其行为人将承担相应的民事责任和行政责任；构成犯罪的，将被依法追究刑事责任。为了维护市场秩序，保护读者的合法权益，避免读者误用盗版书造成不良后果，我社将配合行政执法部门和司法机关对违法犯罪的单位和个人进行严厉打击。社会各界人士如发现上述侵权行为，希望及时举报，我社将奖励举报有功人员。

反盗版举报电话 （010）58581999 58582371
反盗版举报邮箱 dd@hep.com.cn
通信地址 北京市西城区德外大街 4 号 高等教育出版社法律事务部
邮政编码 100120